高等职业教育艺术设计类专业规划教材

环境艺术设计、室内设计专业

3ds Max/VRay室内外效果表现

主编 郑宏飞 张 瀚

参编 谢 江 黄红丽 刘延茹 袁 玲 衣 露

机械工业出版社

"3ds Max/VRay室内外效果表现"是建筑设计技术和环境艺术设计专业一门实践性很强的专业课。本书以3ds Max 2011和VRay 2.0为操作平台，介绍了软件的基本操作和各种空间、各种气氛的室内外效果图表现技法。

本书采用全新的编写体例，突出案例的讲解。全书共分6章，主要包括：软件基础操作、室内家具和构件制作、室内客厅效果图表现、室内卧室效果图表现、办公室效果图表现和室外效果图表现。全书力求内容丰富，图文并茂，便于学习。

本书既可作为高职高专院校环境艺术设计、室内设计等相关专业的教材，也可供学习效果图表现的初、中级读者和从事效果图制作的相关人员学习参考。

为方便教学，本书配有电子课件、各章实例的源文件以及内容丰富的素材库，凡选用本书作为教材的老师，可登录机械工业出版社教育服务网 www.cmpedu.com 免费注册下载。咨询邮箱：cmpgaozhi@sina.com，咨询电话：010-88379375。

图书在版编目（CIP）数据

3ds Max/VRay室内外效果表现 / 郑宏飞，张瀚主编 . —北京：机械工业出版社，2013.6 （2017.1重印）
高等职业教育艺术设计类专业规划教材
ISBN 978-7-111-42490-1

Ⅰ. ①3… Ⅱ. ①郑… ②张… Ⅲ. ①室内装饰设计—计算机辅助设计—三维动画软件—高等职业教育—教材 Ⅳ. ① TU238-39

中国版本图书馆 CIP 数据核字（2013）第 098368 号

机械工业出版社（北京市百万庄大街22号　邮政编码 100037）
策划编辑：覃密道　　　责任编辑：覃密道　孙晶晶
版式设计：霍永明　　　责任校对：纪　敬
封面设计：鞠　杨　　　责任印制：李　洋
北京新华印刷有限公司印刷
2017 年 1 月第 1 版第 3 次印刷
210mm×285mm・8.25 印张・232 千字
5001—7000 册
标准书号：ISBN 978-7-111-42490-1
定价：45.00元

凡购本书，如有缺页、倒页、脱页，由本社发行部调换
电话服务　　　　　　　　　　网络服务
服务咨询热线：010 – 88379833　机 工 官 网：www.cmpbook.com
读者购书热线：010 – 88379649　机 工 官 博：weibo.com/cmp1952
　　　　　　　　　　　　　　　教育服务网：www.cmpedu.com
封面无防伪标均为盗版　　　　金　书　网：www.golden-book.com

前 言

为适应 21 世纪职业技术教育发展需要，贯彻"以素质教育为基础，以就业为导向、以能力为本位、以学生为主体"的职业教育思想和方针，适应人才培养模式的转变，本书编写组依据教育部对高职高专人才培养目标、培养规格、培养模式及与之相适应的知识、技能、能力和素质结构的要求，并通过对企业效果图制作人员岗位工作的调查分析和行业专家提出的宝贵意见和资料，遵循学生职业能力培养的基本规律，整合教学内容，编写了本书。

本书以 3ds Max 2011 和 VRay 2.0 为软件操作平台，系统地讲解了软件的基本操作和各种空间、各种气氛的效果图制作方法。本书突破了已有相关教材的知识框架，注重理论与实践相结合，采用全新体例编写。全书内容共分 6 章，主要包括软件基础操作、室内家具和构件制作、室内客厅效果图表现、室内卧室效果图表现、办公室效果图表现和室外效果图表现。本书力求内容丰富、图文并茂，便于学习。

本书推荐学时为 72 学时，老师可根据不同的使用专业灵活安排学时，课堂以学生为主体，加强实践教学环节。重点讲解制作思路和案例演示，通过学生上机实践提高对效果图制作方法的掌握。实训练习根据学生掌握情况选用。

本书由重庆城市管理职业学院郑宏飞和张瀚担任主编，全书由郑宏飞负责统稿。本书具体章节编写分工为：重庆城市管理职业学院张瀚、重庆瑞地园林景观设计有限公司的谢江和黄红丽联合编写第 1 章、第 2 章和第 3 章，重庆城市管理职业学院郑宏飞、成都艺术职业学院袁玲、刘延茹和衣露联合编写第 4 章、第 5 章和第 6 章。本书在编写过程中得到了机械工业出版社相关编辑的关心和支持，在此也深表谢意。

本书在编写过程中，参考和引用了国内外大量文献资料，在此谨向原书作者表示衷心感谢。由于编者水平有限，书中难免存在不足和疏漏之处，敬请各位读者批评指正。

编 者

目　录

第1章　软件基础操作

学习目标 《《

　　了解软件界面组成等相关知识；掌握快捷键、单位应用、对象操作综合应用等技能。

知识要点 《《

　　软件发展历史；软件安装方法；软件界面组成；软件的主要快捷键；单位设置和应用；捕捉设置；选择的基本应用；移动的应用；旋转的应用；缩放的应用；创建简约室内场景。

教学课时 《《

　　一般情况下需要 8 课时，其中理论占 3 课时，实际操作占 5 课时。

　　3D Studio Max，通常简称为 3ds Max 或 MAX，是 Autodesk 公司开发的基于 PC 系统的三维动画渲染和制作软件。其前身是基于 DOS 操作系统的 3D Studio 系列软件，最新版本是 2013 版。本书所采用版本为 2011 版，3ds Max 2011 界面如图 1-1 所示。

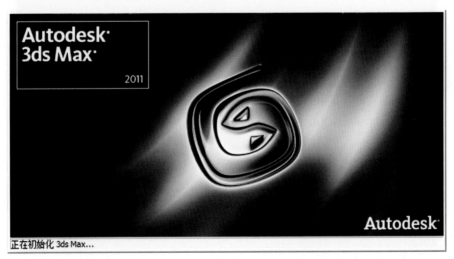

图 1-1　3ds Max 2011 界面

　　在应用范围方面，3ds Max 广泛应用于广告、影视、工业设计、建筑设计、多媒体制作、游戏、辅助教学以及工程可视化等领域。拥有强大功能的 3ds Max 被广泛应用于电视及娱乐业中，比如片头动画和视频游戏的制作，深深扎根于玩家心中的劳拉角色形象就是 3ds Max 的杰作；3ds Max 在影视特效方面也有一定的应用。在国内发展相对比较成熟的建筑效果图和建筑动画制作中，3ds Max 的使用率更是占据了绝对优势。根据不同行业的应用特点，对 3ds Max 的掌握程度也有不同的要求。通过 3ds Max 软件能较好地采用三维形式展现建筑和室内的装饰效果，不仅快捷方便，而且能够完整预览建筑的各个角度，透视十分精确。

任务 1　认识软件界面

1.1.1　3ds Max 发展史和安装方法

1. 软件发展历史

自 1990 年 Autodesk 成立多媒体部，推出第一个动画工作——3D Studio 软件以后，于 1996 年 4 月—1999 年 4 月陆续推出了 3D Studio Max 1.0 ~ 3.0 版软件；从 4.0 版开始，软件名称改写为小写的 3ds Max，并于 2002 年 6 月—2005 年 10 月又推出了 Discreet 3ds Max 5 ~ 8 等软件；随着 Autodesk 在 Siggraph 2006 User Group 大会上正式公布 3ds Max 9 与 Maya 8，发布包含 32 位和 64 位的版本以来，又于 2007 年 10 月—2012 年再次推出了 Autodesk 3ds Max 2008 ~ Autodesk 3ds Max 2012 软件。

2. 软件安装方法

1）将安装光盘插入光驱，打开光驱盘符，双击 Setup 应用程序，进入安装界面后单击"安装产品"，其安装界面如图 1-2 所示。

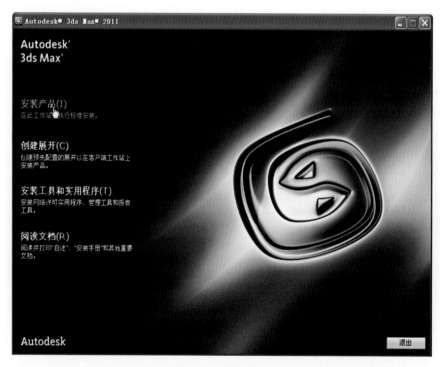

图 1-2　安装界面

2）进入选择要安装的产品界面，这里按默认单击"下一步"按钮，其界面如图 1-3 所示。

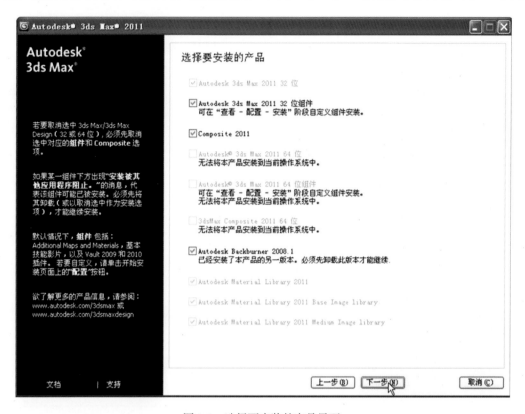

图 1-3　选择要安装的产品界面

3）进入接受许可协议界面，选择"我接受"单击"下一步"按钮，其界面如图 1-4 所示。

图 1-4　许可协议界面

4）进入用户和产品信息界面，输入姓氏、名字、组织，以及序列号与产品密钥，然后单击"下一步"按钮，其界面如图1-5所示。

图1-5　用户和产品信息界面

5）进入安装路径选择界面，这是最重要的一步，单击界面中的"配置"按钮后选择安装路径，其界面如图1-6所示。

图1-6　安装路径选择界面

6）单击进入"配置"后的界面有三个状态栏，一般对第一个状态栏进行配置即可，其界面如图 1-7、图 1-8 和图 1-9 所示。

图 1-7　选择许可类型界面

图 1-8　选择安装位置界面

图 1-9　配置完成界面

　　7）单击"配置完成"按钮后进入到开始安装界面，单击"安装"按钮继续，开始安装界面如图 1-10 所示。

图 1-10　开始安装界面

　　8）进入安装进程界面，其界面如图 1-11 所示。

　　9）安装完成，单击"完成"按钮结束安装，其界面如图 1-12 所示。

图 1-11 安装进程界面

图 1-12 安装完成界面

10）运行打开 3ds Max 2011，启动进入工作界面，运行界面和进入工作界面如图 1-13 和图 1-14 所示。

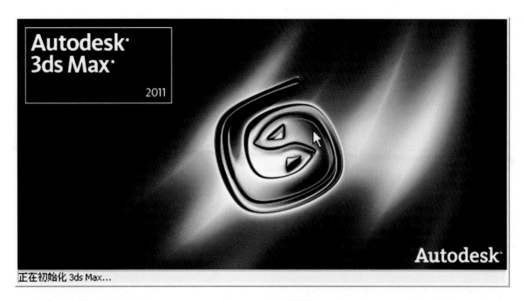

图 1-13　运行界面

图 1-14　进入工作界面

1.1.2　软件界面和快捷方式

1. 软件界面组成

1）软件界面组成如图 1-15 所示。

2）改变界面风格：自定义→加载自定义用户界面方案。

3）隐藏动画轨迹栏：自定义→显示→显示轨迹栏。

4）隐藏石墨建模工具栏，隐藏石墨建模工具图标界面如图 1-16 所示。

5）以小图标来显示工具栏：自定义→首选项→常规→"使用大工具栏按钮"的复选框前面的勾去掉，则所有工具将会全部显示出来。

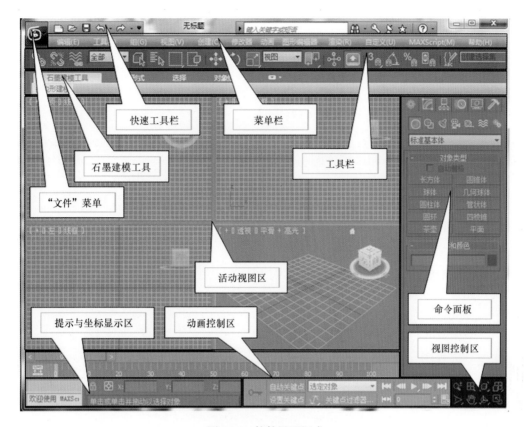

图 1-15　软件界面组成

图 1-16　隐藏石墨建模工具图标界面

6）自定义布局：可以将鼠标放在视野的中间进行拖动或者在"视图控制区"右键单击视口配置→布局。

2. 软件的主要快捷键

F1——帮助

F3——线框显示（开关）/ 光滑加亮

F4——在透视图中线框显示（开关）

F5——约束到 X 轴

F6——约束到 Y 轴

F7——约束到 Z 轴

F8——约束到 $XY/YZ/ZX$ 平面（切换）

F9——用前一次的配置进行渲染（渲染先前渲染过的那个视图）

F10——打开渲染菜单

F11——打开脚本编辑器

F12——打开移动 / 旋转 / 缩放等精确数据输入对话框

Shift+4——进入有指向性灯光视图

Alt+6——显示 / 隐藏主工具栏

8——打开环境效果编辑框

0——打开渲染纹理对话框

–（主键盘）——减小坐标显示

+（主键盘）——增大坐标显示

SPACE——锁定 / 解锁选择的对象

INSERT——切换次物体集的层级（同 1、2、3、4、5 键）

HOME——跳到时间线的第一帧

END——跳到时间线的最后一帧

PAGE UP——选择当前子物体的父物体

PAGE DOWN——选择当前父物体的子物体

Ctrl+PAGE DOWN——选择当前父物体以下所有的子物体

A——旋转角度捕捉开关（默认为 5 度）

Ctrl+A——选择所有物体

Alt+A——使用对齐（Align）工具

B——切换到底视图

Ctrl+B——子物体选择 (开关)

Alt+B——视图背景选项

Alt+Ctrl+B——背景图片锁定（开关）

Shift+Alt+Ctrl+B——更新背景图片

C——切换到摄影机视图

Shift+C——显示 / 隐藏摄影机物体（Cameras）

Ctrl+C——使摄影机视图对齐到透视图

Alt+C——在 Poly 物体的 Polygon 层级中进行面剪切

D——冻结当前视图（不刷新视图）

Ctrl+D——取消所有的选择

E——旋转模式

Ctrl+E——切换缩放模式（切换等比、不等比、等体积）同【R】键

Alt+E——挤压 Poly 物体的面

F——切换到前视图

Ctrl+F——显示渲染安全方框

Alt+F——切换选择的模式（矩形、圆形、多边形、自定义。同【Q】键）

Ctrl+Alt+F——调入缓存中所存场景（Fetch）

G——隐藏当前视图的辅助网格

Shift+G——显示 / 隐藏所有几何体（Geometry）（非辅助体）

H——显示选择物体列表菜单

Shift+H——显示 / 隐藏辅助物体（Helpers）

Ctrl+H——使用灯光对齐（Place Highlight）工具

Ctrl+Alt+H——把当前场景存入缓存中（Hold）

I——平移视图到鼠标中心点

Shift+I——间隔放置物体

Ctrl+I——反向选择

J——显示 / 隐藏所选物体的虚拟框（在透视图、摄影机视图中）

K——打关键帧

L——切换到左视图

Shift+L——显示 / 隐藏所有灯光（Lights）

Ctrl+L——在当前视图使用默认灯光（开关）

M——打开材质编辑器

Ctrl+M——光滑 Poly 物体

N——打开自动（动画）关键帧模式

Ctrl+N——新建文件

Alt+N——使用法线对齐（Place Highlight）工具

O——降级显示（移动时使用线框方式）

Ctrl+O——打开文件

P——切换到等大的透视图（Perspective）视图

Shift+P——隐藏 / 显示离子 (Particle Systems) 物体

Ctrl+P——平移当前视图

Alt+P——在 Border 层级下使选择的 Poly 物体封顶

Shift+Ctrl+P——百分比 (Percent Snap) 捕捉 (开关)

Q——选择模式（切换矩形、圆形、多边形、自定义）

Shift+Q——快速渲染

Alt+Q——隔离选择的物体

R——缩放模式（切换等比、不等比、等体积）

Ctrl+R——旋转当前视图

S——捕捉网络格（方式需要自定义）

Shift+S——隐藏线段

Ctrl+S——保存文件

Alt+S——捕捉周期

T——切换到顶视图

U——改变到等大的用户（User）视图

Ctrl+V——原地克隆所选择的物体

W——移动模式

Shift+W——隐藏 / 显示空间扭曲 (Space Warps) 物体

Ctrl+W——根据框选进行放大

Alt+W——最大化当前视图（开关）

X——显示 / 隐藏物体的坐标（Gizmo）

Ctrl+X——专业模式（最大化视图）

Alt+X——半透明显示所选择的物体

Y——显示 / 隐藏工具条

Shift+Y——重做对当前视图的操作（平移、缩放、旋转）

Ctrl+Y——重做场景（物体）的操作

Z——放大各个视图中选择的物体（各视图最大化显示所选物体）

Shift+Z——还原对当前视图的操作（平移、缩放、旋转）

Ctrl+Z——还原对场景（物体）的操作

Alt+Z——对视图的拖放模式（放大镜）

Shift+Ctrl+Z——放大各个视图中所有的物体（各视图最大化显示所有物体）

Alt+Ctrl+Z——放大当前视图中所有的物体（最大化显示所有物体）

鼠标中键——移动

任务2　设置界面和操作软件

◉ 1.2.1　软件基本应用

1. 单位设置和应用

1）单击菜单栏中"自定义"，打开自定义下拉菜单，单击"单位设置"（Units Setup）弹出单位设置对话框。

2）单击"系统单位设置"（System Units Setup），将1单位（Unit）设置为1.0毫米（Millimeters）。

3）将显示单位比例（Display Unit Scale）也设置为毫米（Millimeters）。

以上操作步骤界面依次如图1-17、图1-18和图1-19所示。

图1-17　自定义下拉菜单界面

图1-18　系统单位设置界面

图1-19　单位设置界面

2. 捕捉设置

1）单击菜单栏中"工具"，打开工具下拉菜单，单击栅格和捕捉设置，弹出"栅格和捕捉设置"对话框。

2）在"栅格和捕捉设置"对话框中可根据绘图捕捉需要勾选相应的选项，但为方便捕捉绘图物体的顶点，一般只勾选顶点选项。

以上操作步骤界面依次如图 1-20 和图 1-21 所示。

图 1-20　工具菜单界面

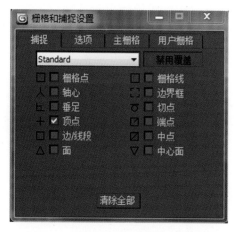

图 1-21　"栅格和捕捉设置"对话框

3. 选择的基本应用

1）选择单个对象。在工具栏中单击"选择对象"按钮，再在视图中单击某个对象即可选中对象。默认情况下，在线框视图中，物体未选中时呈彩色显示，而选中后呈白色显示；在着色视图中，被选中的物体周围将显示一个白色框，选择对象按钮界面如图 1-22 所示。此外，还可使用"选择并移动"按钮、"选择并旋转"按钮或"选择并均匀缩放"按钮选择对象，并进行相应操作。

2）选择多个对象。3ds Max 2011 为用户提供了多种选择多个对象的方法，其中较常用的方法有如下几种：

① 配合【Ctrl】键，通过鼠标单击进行选择。单击工具栏的"选择对象"按钮，然后按住【Ctrl】键，在视图中单击对象，可同时选择多个对象（如果某个对象已被选中，按住【Alt】键单击该对象，可取消对该对象的选择）。

② 拖动鼠标框选多个对象。按住鼠标左键在要选择的对象周围拖出一个方框，即可选中方框内的所有对象。按住工具栏的"矩形选择区域"按钮不放，在弹出的下拉列表中可设置鼠标拖动出的选框类型，矩形选择区域按钮界面如图 1-23 所示。

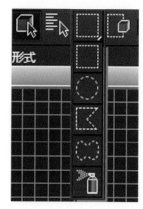

图 1-22　选择对象按钮界面　　　　图 1-23　矩形选择区域按钮界面

③ 使用工具栏的"按名称选择"按钮。单击工具栏中的"按名称选择"按钮，打开"选择对象"对话框，按图 1-24 所示进行操作即可实现对象的分类选择。这种选择方法主要针对场景比较复杂、绘制物体也比较多的情况，便于分类、快速选择，按名称选择按钮与从场景选择界面如图 1-24 所示。

④ 通过"编辑"菜单下的选择菜单项。使用"编辑"菜单下的"全选"、"反选"等选择菜单项可以实现对象的批量选择，编辑菜单下选择菜单项界面如图 1-25 所示。

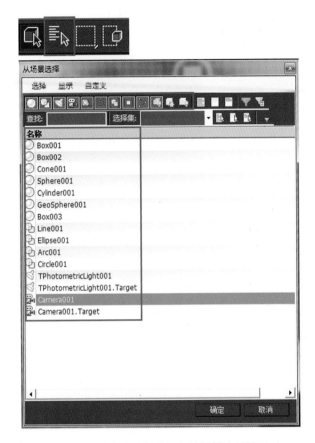

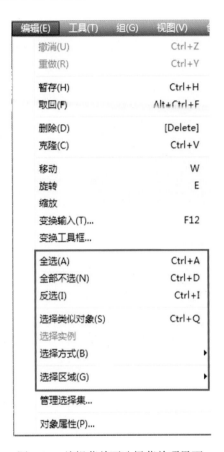

图 1-24　按名称选择按钮与从场景选择界面　　　　　图 1-25　编辑菜单下选择菜单项界面

1.2.2　物体的变换操作

1. 移动的应用

1）单击工具栏中的"选择并移动"按钮，然后在视图中单击要移动的对象，此时在对象上会出现用于移动操作的变换线框，选择并移动对象界面如图 1-26 所示。它由红、绿、蓝三条轴组成（分别代表 X 轴、Y 轴和 Z 轴），将鼠标放在某一轴上拖动，即可沿该轴移动对象；鼠标放到由两条轴围成的小四边形上拖动时，可以使对象在这个小四边形所在的平面内任意移动。

2）要想精确移动对象，可在选中对象后，用鼠标右键单击工具栏中的"选择并移动"按钮，打开相应的移动变换输入对话框，然后在对话框的编辑框中输入变换数值，并按【Enter】键即可，选择并移动按钮与移动变换输入界面如图 1-27 所示。

2. 旋转的应用

1）旋转对象的操作与移动对象类似，单击工具栏的"选择并旋转"按钮后，在视图区单击选中要旋转的对象，再将鼠标放在用于对象旋转操作的变换线圈上，待鼠标变成旋转符号后拖动鼠标即可沿该线圈旋转对象，选择并旋转对象界面如图 1-28 所示。当鼠标沿红、绿、蓝线圈拖动时，对象将沿垂直于该线圈的坐标轴旋转；当鼠标在线圈内部拖动时，对象可随意旋转；当鼠标沿最外侧的白色线圈拖动时，对象将在当前视图平面内进行旋转。

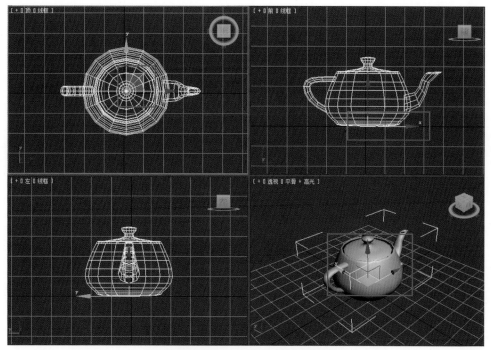

图 1-26　选择并移动对象界面

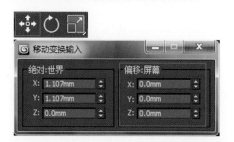

图 1-27　选择并移动按钮与移动变换输入界面

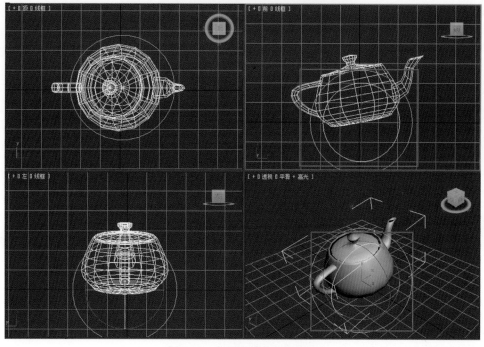

图 1-28　选择并旋转对象界面

2）要想精确旋转对象，可在选中对象后，用鼠标右键单击工具栏中的"选择并旋转"按钮，打开相应的旋转变换输入对话框，然后在对话框的编辑框中输入变换数值，并按【Enter】键即可，选择并旋转按钮与旋转变换输入界面如图 1-29 所示。

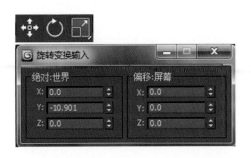

图 1-29　选择并旋转按钮与旋转变换输入界面

3. 缩放的应用

1）单击工具栏中的"选择并缩放"按钮，选中视图中要进行缩放的对象，然后将鼠标放在对象的缩放变换线框上单击并拖动，即可缩放对象，选择并缩放对象界面如图 1-30 所示。将鼠标放在各轴上拖动，可沿该轴所在的方向缩放对象；将鼠标放在外侧的梯形框中拖动，可沿构成该梯形框的两条轴缩放对象，且这两个轴向的缩放量相同；将鼠标放在中间的三角形中拖动，可对对象的整体进行均匀缩放。

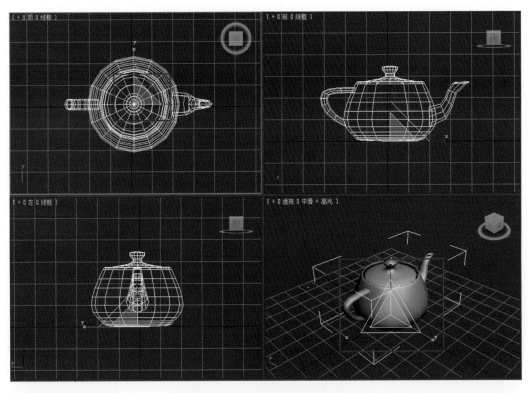

图 1-30　选择并缩放对象界面

2）要想精确缩放对象，可在选中对象后，用鼠标右键单击工具栏中的"选择并缩放"按钮，打开相应的缩放变换输入对话框，然后在对话框的编辑框中输入变换数值，并按【Enter】键即可，选择并缩放按钮与缩放变换输入界面如图 1-31 所示。

图 1-31　选择并缩放按钮与缩放变换输入界面

任务 3　创建简约室内场景

1.3.1　案例效果

图 1-32 是任务 3 完成后的简约室内场景。

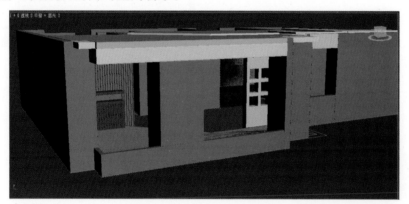

图 1-32　简约室内场景完成效果

1.3.2　案例制作流程（步骤）分析

简约室内场景制作流程如图 1-33 所示。

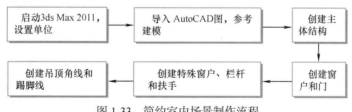

图 1-33　简约室内场景制作流程

1.3.3　详细操作步骤

1. 导入 AutoCAD 图纸

1）单击菜单栏按钮 "⑤"，进入下拉菜单后单击导入命令，在选项中选择 "导入"，在弹出的对话框中选择要导入的文件，找到某家装平面图的 CAD 文件，单击"打开"按钮即可，其界面如图 1-34 和图 1-35 所示。

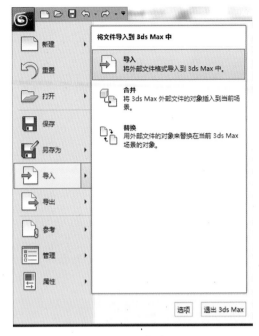

图 1-34　导入菜单界面

图 1-35　选择要导入的文件界面

2）在弹出的导入选项对话框中找到"按以下项导出 AutoCAD 图元"部分，单击倒三角符号按钮，在下拉菜单中选择"实体"选项，单击"确定"按钮即可，其界面如图 1-36 和图 1-37 所示。

图 1-36　导入选项界面

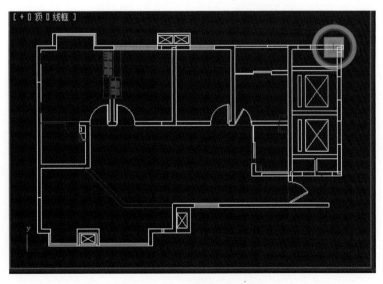

图 1-37　导入后顶视图区界面

2．冻结和绘制墙线

1）选择导入的图形，用鼠标右键单击，在弹出的对话框中选择"冻结当前选择"；在工具栏上用鼠标右键单击"捕捉开关"按钮，在弹出的对话框中选择选项卡，勾选"捕捉到冻结对象"，界面如图 1-38 和图 1-39 所示，同时注意选择捕捉处于"顶点"勾选状态。

图 1-38　选择"冻结当前选择"界面

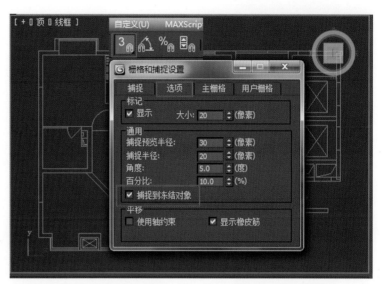

图 1-39　捕捉开关按钮与勾选"捕捉到冻结对象"界面

2）单击命令面板下的"图形"按钮，在对象类型中选择"线"命令。在开始绘制线之前，去掉"开始新图形"前的勾选，将命令面板下方创建方法中的拖动类型和初始类型都选为角点，如图 1-40 所示。

3）用线命令将平面图中的墙体勾出，当提示是否合并样条曲线时，单击"是"按钮，界面如图 1-41 所示。

图 1-40　选择"线"命令界面

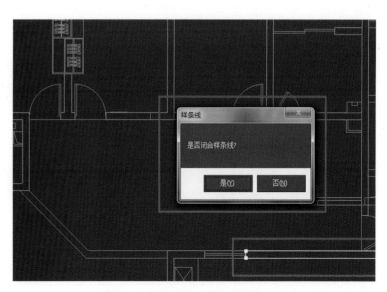

图 1-41　顶视图中墙体勾线界面

3. 生成墙体

选择绘制好的平面墙线，单击命令面板下的"修改"按钮，单击修改器列表右侧的倒三角符号，选择下拉菜单中的"挤出"命令，然后在参数中墙体设置数量为 2850mm，落地窗与飘窗的墙体基座设置数量为 500mm，其他窗的墙体基座设置数量为 900mm，其界面如图 1-42 和图 1-43 所示。

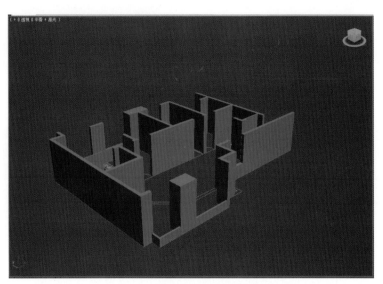

图 1-42 "挤出"命令设置界面   图 1-43 透视图中挤出后墙体界面

4. 创建地面和原始顶棚

1）以客厅空间为例，采用与绘制墙线相同的方法用线命令绘制客厅平层和抬高部分地面，再用挤出命令生成地面厚度，注意，由于在效果图中看不到平层地面厚度，因此挤出数量可以为 -5mm，抬高地面要根据梯步高度确定，第一步挤出数量为 100mm，第二步挤出数量为 200mm，绘制地面界面如图 1-44 所示。

2）采用与绘制墙线相同的方法用线命令绘制客厅原始顶棚，再用挤出命令生成原始顶棚厚度，注意由于在效果图中看不到原始顶棚厚度，挤出数量可以为 5mm，将顶棚精确移动至 2850mm 的高度，绘制原始顶棚界面如图 1-45 所示。

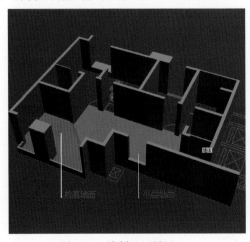

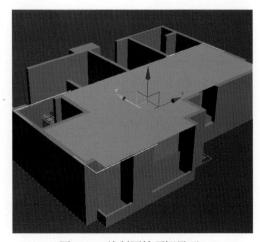

图 1-44 绘制地面界面   图 1-45 绘制原始顶棚界面

5. 创建门窗洞口上的墙体

1）采用与绘制墙线相同的方法用线命令绘制客厅门窗洞口上方的墙体平面，再用挤出命令生成上方的墙体厚度，木门上方墙体的挤出高度数量为 850mm，玻璃门上方墙体的挤出高度数量为 450mm，窗上方墙体的挤出高度数量为 450mm，绘制门窗洞口上方墙体界面如图 1-46 所示。

2）依次将这些门窗洞口上方的墙体精确移动到顶面相应的位置，木门上方墙体向 Y 轴方向移动 2000mm，窗和玻璃门上方墙体向 Y 轴方向移动 2400mm，移动门窗洞口上方墙体界面如图 1-47 所示。

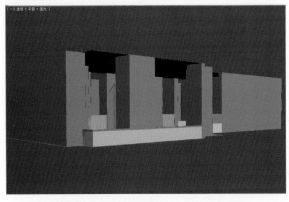
图 1-46　绘制门窗洞口上方墙体界面

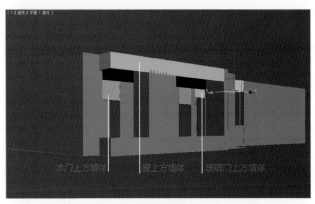
图 1-47　移动门窗洞口上方墙体界面

6. 创建门

1）新建一个 3ds Max 文件，设置好单位，开始创建木门。单击命令面板下的"图形"按钮，在对象类型中选择"矩形"命令，在前视图中绘制一个 2000mm×200mm 的矩形，然后在修改器列表中选择"倒角"，对其参数进行设置，其界面如图 1-48 和图 1-49 所示。

图 1-48　绘制门矩形界面

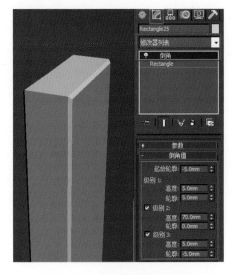
图 1-49　绘制矩形倒角界面

2）用前面绘制矩形的同样方法，在前视图中绘制一个 2000mm×650mm 的矩形，在修改器列表中选择"挤出"，挤出数量为 65mm。再次单击命令面板下的"图形"按钮，在对象类型中选择"圆"命令，在左视图中绘制一个半径为 10mm 的圆，然后在修改器列表中选择"挤出"，挤出数量为 650mm，选择这个挤出的圆柱体，进行阵列，数量 29 个，间距 70mm，其界面如图 1-50 和图 1-51 所示。

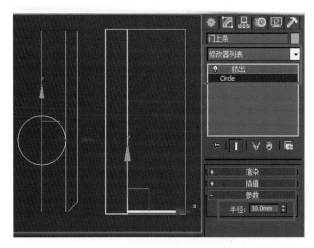

图 1-50　绘制圆柱体装饰门条界面　　　　　　　　　图 1-51　阵列装饰门条界面

3）用前面绘制矩形的同样方法，在前视图中绘制一个 160mm×40mm 的矩形，在修改器列表中选择"编辑样条线"，展开编辑样条线的次级层级，选择"顶点"，在下方参数中选择"圆角"，对矩形的 4 个端点倒圆角，其界面如图 1-52 和图 1-53 所示。

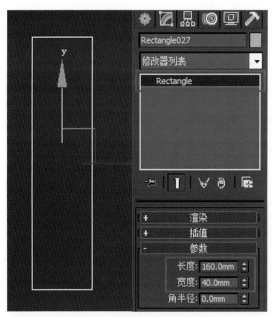

图 1-52　绘制门把手矩形界面　　　　　　　　　图 1-53　倒圆角界面

用前面绘制圆的同样方法，在前视图中矩形的中下方位置绘制一个半径为 8mm 的圆，将其转化为"编辑样条线"，展开编辑样条线的次级层级，选择"顶点"，在下方参数中选择"优化"，在圆的下方位置处增加编辑点，进行编辑，得到最终图形，然后在下方参数中选择"附加"，将倒圆角的矩形和编辑后的圆形附加在一起，最后将其"挤出"，数量为 8mm，在倒圆角矩形板的上下各加上一个球形钮钉，界面如图 1-54 和图 1-55 所示。

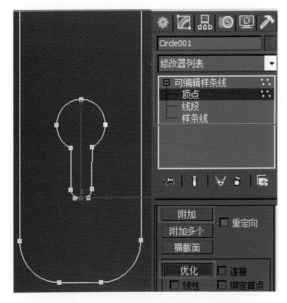

图 1-54　绘制门把手矩形板镂空造型界面

图 1-55　最终门把手矩形板界面

4）绘制门把手截面图形，具体参数界面如图 1-56 和图 1-57 所示。

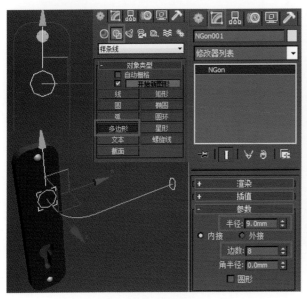

图 1-56　绘制门把手头部截面八边形界面

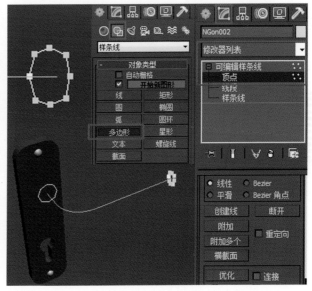

图 1-57　绘制门把手尾部截面八边形界面

5）绘制门把手放样路径，具体参数界面如图 1-58 所示。然后单击命令面板下的"几何体"按钮，展开下拉菜单，选择"复合对象"，单击选中视图中绘制的路径，单击对象类型中的"放样"按钮，单击创建方法中的"获取图形"按钮，单击视图中门把手头部截面八边形，形成一次放样门把手图形，其界面如图 1-59 所示。

6）在门把手一次放样图形的基础上，继续进行二次放样，将"路径参数"中的路径设置为100，指定路径尾部位置，再次单击创建方法中的"获取图形"按钮，单击视图中门把手尾部截面不规则八边形，形成二次放样门把手图形；以复制方式原地克隆一个门把手头部截面八边形，将其参数半径调整为 7mm，对图形进行"挤出"，参数数量为 –5mm，做出门把手头部与基板间的连接

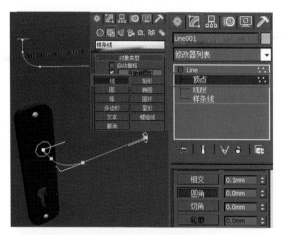

图 1-58 绘制门把手放样路径界面

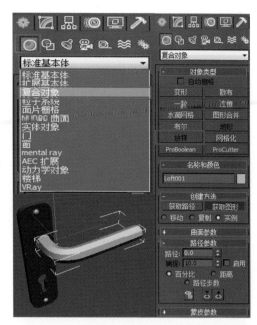

图 1-59 绘制一次放样门把手图形界面

部件,将门把手的所有部件连接好,最后将其成组、命名,其界面如图 1-60 所示。

将绘制好的门板和门把手结合起来,形成完整的木门,其界面如图 1-61 所示。

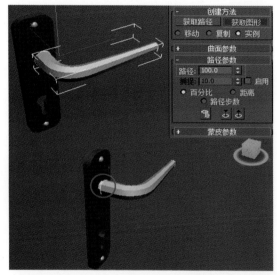

图 1-60 绘制二次放样门把手图形界面

图 1-61 木门最终模型界面

7)玻璃门的绘制与窗的绘制相似,参见窗的绘制方法,最后绘制效果如图 1-62 所示。

图 1-62 玻璃门最终模型

7．创建窗

1）新建一个 3ds Max 文件，设置好单位，开始创建窗。采用前述绘制矩形的方法，在前视图中绘制一个 1500mm×1200mm 的矩形，在矩形中再绘制两个矩形，对其顶点进行编辑，要求与原矩形边框距离为 50mm，绘制出窗框平面图形，其界面如图 1-63 所示。将三个矩形通过"附加"合并在一起，其界面如图 1-64 所示。

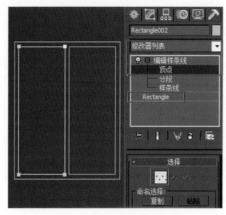

图 1-63　绘制窗框平面图形界面

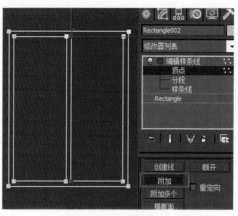

图 1-64　附加矩形界面

2）进行倒角，对倒角值参数进行设置，其界面如图 1-65 所示。最后用矩形绘制玻璃，将其群组，最终窗模型界面如图 1-66 所示。

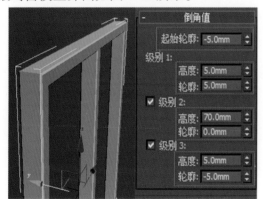

图 1-65　绘制窗框倒角界面

图 1-66　最终窗模型界面

8．创建落地窗与转角窗

1）创建落地窗方法与窗的创建方法基本相同，落地窗外框尺寸为 2400mm×1900mm，窗框宽50mm，最终落地窗模型界面如图 1-67 所示。

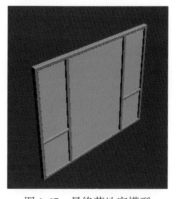

图 1-67　最终落地窗模型

2）新建一个 3ds Max 文件，设置好单位，开始绘制转角窗。在顶视图中绘制一个 1350mm×550mm 的矩形，转换成编辑样条线，对其顶点进行编辑，断开右上方顶点，删除断开两顶点所在的线段，形成 L 形的一条线段，转换到样条线编辑，对其进行轮廓偏移 50mm，其界面如图 1-68 和图 1-69 所示。

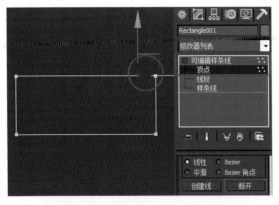

图 1-68　绘制断开矩形顶点界面

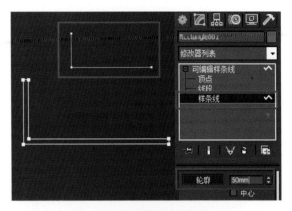

图 1-69　绘制轮廓偏移界面

3）将绘制好的双线 L 形图形原地以复制方式克隆一个，按转角窗的高度尺寸精确移动 1900mm，按【S】键打开捕捉命令，在高度方向绘制两个 1900mm×50mm 的矩形，用捕捉命令将其放到相应的位置，形成转角窗外边框平面图形，其界面如图 1-70 所示。然后对其四个矩形进行倒角，分别设置倒角值参数，形成转角窗外框，其界面如图 1-71 所示。

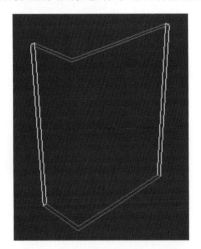

图 1-70　绘制转角窗外框平面图形界面

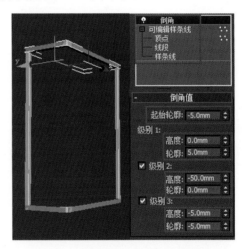

图 1-71　转角窗外框平面图形倒角界面

4）在窗框转角处以复制方式克隆一个 L 形边框，对其倒角值参数进行调整，形成转角处的垂直边框，其界面如图 1-72 所示。用同样的方法绘制出转角窗开窗部分的横向边框，绘制出 10mm 的玻璃，最终完成转角窗模型，其界面如图 1-73 所示。

9. 创建栏杆和扶手

1）新建一个 3ds Max 文件，设置好单位，开始创建栏杆和扶手。在前视图中绘制矩形，转换为可编辑样条线，选择"顶点"层级，单击"优化"增加顶点进行编辑，绘制栏杆纵剖的剖面半图形，界面如图 1-74 所示。对图形进行"车削"，对其参数进行设置，绘制好一个栏杆单体，按住【shift】键，水平拖动栏杆，弹出克隆选项对话框，设置实例和数量参数，绘制出 5 个栏杆单体，其界面如图 1-75 所示。

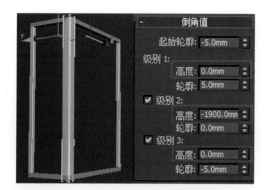

图 1-72　绘制转角处的垂直边框界面

图 1-73　最终转角窗模型界面

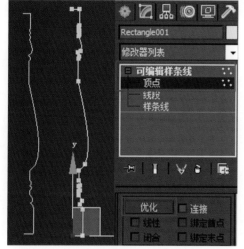

图 1-74　绘制栏杆纵剖的剖面半图形界面

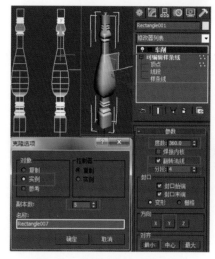

图 1-75　图形车削和克隆界面

2）用长方体和圆柱体绘制出基座和扶手，群组后，最终完成栏杆扶手模型，其界面如图 1-76 所示。

图 1-76　最终栏杆扶手模型界面

10. 创建吊顶角线

创建吊顶角线的方法有挤出和放样两种，步骤是先绘制剖面图形或放样路径，再进行挤出或放样，设置相应的参数，完成吊顶角线的创建，其界面如图 1-77 和图 1-78 所示。

11. 创建踢脚线

创建踢脚线的方法与创建吊顶角线相同，只是踢脚线剖面图形与吊顶角线不同，最终完成踢脚线模型如图 1-79 和图 1-80 所示。

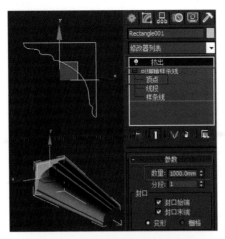

图 1-77　挤出绘制吊顶角线界面　　　　　　　图 1-78　放样绘制吊顶角线界面

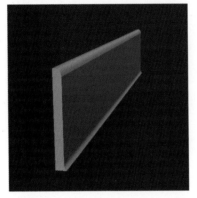
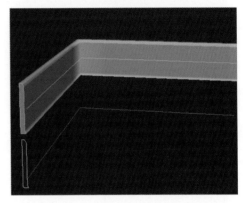

图 1-79　挤出绘制踢脚线模型界面　　　　　　图 1-80　放样绘制踢脚线模型界面

本章小结 《《

　　本章主要介绍了软件发展历史，软件安装方法与界面组成，软件的主要快捷键，单位设置和应用，捕捉设置，选择、移动、旋转、缩放的应用，以及对象操作综合应用等相关内容。

　　知识要点回顾：

　　1. 按照提示步骤进行软件安装。

　　2. 3ds Max 界面主要包括标题栏、菜单栏、工具栏、绘图区、命令面板和视图控制区等。

　　3. 软件的基本变换操作是移动、旋转和缩放。

　　4. 软件建模的一般步骤是从整体到局部，从简单到复杂。

　　5. 创建模型的方法有两种：一是从二维图形通过修改器生成三维模型；二是直接创建三维模型，然后进行修改。

实训练习 《《

　　1. 绘制本章中讲到的所有案例。

　　2. 列举部分书外的案例进行绘制。

　　提示：老师可以根据学生的实际能力情况，针对接受能力比较强的学生，可适当加量或提高要求；针对基础比较薄弱的学生，可适当减量或放宽要求。

第2章 室内家具和构件制作

学习目标 《

　　了解家具构件制作等相关知识；掌握家具构件建模、材质、渲染操作等综合应用技能。

知识要点 《

　　制作单体椅子；制作单体椅子2和台灯；制作直跑楼梯；制作旋转楼梯；制作简约沙发；制作床。

教学课时 《

　　一般情况下需要10课时，其中理论占4课时，实际操作占6课时。

任务 1　制作简单家具

⊙ 2.1.1　单体椅子最终效果

　　图 2-1 是单体椅子完成后的效果。

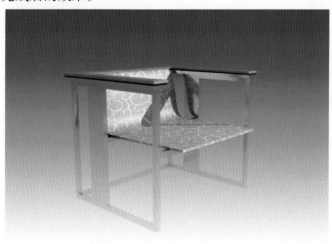

图 2-1　单体椅子完成效果

2.1.2 制作单体椅子的操作步骤

1. 样条曲线编辑应用

新建一个 3ds Max 文件，设置好单位，开始绘制单体椅子。先用矩形和线绘制出椅子坐板、扶手以及扶手下面的支脚剖面图形，对线进行样条曲线编辑，对其进行轮廓偏移，形成双线图形，其界面如图 2-2 所示。将所有图形挤出，设置相应的参数数量，以复制方式克隆一个扶手，编辑移动平面图形顶点，将其缩小一些，对图形进行倒角，对倒角值进行设置，勾选曲线侧面，并把下面分段数设为 10，绘制出坐板下的横向支条，其界面如图 2-3 所示。

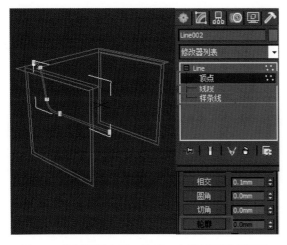

图 2-2 绘制椅子坐板、扶手、支脚剖面图形界面

图 2-3 图形倒角界面

2. 旋转命令的应用

1）在前视图中，将坐板下的横向支条以复制方式克隆一个，用鼠标右键单击旋转命令，弹出旋转变换输入对话框，以 Z 轴为轴心旋转 90°，调整宽度参数，其界面如图 2-4 所示。

2）单击"对齐"按钮，单击要对齐的目标物体，弹出对齐对话框，调整参数，修改支条长度参数，移动调整好位置，以实例方式克隆一个到对面位置，添加坐板后方和后下方的横向支条，完成单体椅子模型，其界面如图 2-5 所示。

图 2-4 旋转支条界面

图 2-5 对齐支条与最终模型界面

3. 设定单体椅子材质

1）按快捷键【F10】，弹出"渲染设置：V-Ray Adv 2.10.01"对话框，在"公用"下"指定渲染器"下的"产品级"中选择"V-Ray Adv 2.10.01"，指定 V-Ray 渲染器，其界面如图 2-6 所示。

2）按快捷键【M】，弹出"材质编辑器"对话框，开始设置 VRay 材质。

3）选择单体椅子的扶手部分，在工具栏中单击"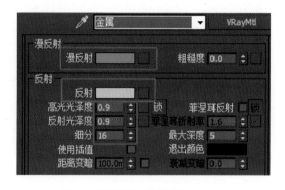"（材质编辑器），弹出"材质编辑器"对话框，在该对话框中单击第 1 个示例球，将其材质示例的名字命名为"金属材质"，再单击""（将材质指定给选定对象）。

4）单击"Standard"按钮，选择 VRayMtl 材质，把标准材质转化为 VRayMtl 材质。首先将漫反射的颜色中的亮度改为 120 ~ 122，然后将反射的亮度改为 185；解开"高光光泽度"后的锁，将"高光光泽度"设置为 0.9，"反射光泽度"的值设置为 0.9，"细分"从 8 改为 16，设置金属材质参数如图 2-7 所示。

图 2-6　指定 VRay 渲染器　　　　　图 2-7　设置金属材质参数

5）选择扶手上的盖板，在工具栏中单击""（材质编辑器），弹出"材质编辑器"对话框，在该对话框中单击第 2 个示例球，将其材质示例的名字命名为"木质"，再单击""（将材质指定给选定对象）。

6）在选择盖板的同时，给盖板在修饰器中增加一个 UVW 贴图，类型选择为长方体，设置 UVW 贴图如图 2-8 所示，再单击"Standard"按钮，选择 VRayMtl 材质，把标准材质转化为 VRayMtl 材质。首先单击漫反射后的"＿"按钮，弹出"材质 / 贴图浏览器"对话框，在该对话框中双击" 位图 "按钮，弹出"选择位图图像文件"对话框，选择胡桃木贴图。然后将反射的亮度改为 40；解开"高光光泽度"后的锁，将"高光光泽度"设置为 0.8，"反射光泽度"的值设置为 0.75，"细分"从 8 改为 12，设置木质材质参数如图 2-9 所示。

7）选择椅子的坐垫，在工具栏中单击""（材质编辑器），弹出"材质编辑器"对话框，在该对话框中单击第 3 个示例球，将其材质示例的名字命名为"布艺"，再单击""（将材质指定给选定对象）。

31

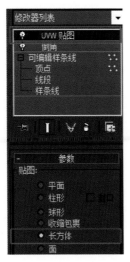

图 2-8　设置 UVW 贴图

图 2-9　设置木质材质参数

8）在选择坐垫的同时，给坐垫在修饰器中增加一个 UVW 贴图，类型选择为长方体，再单击"Standard"按钮，选择 VRayMtl 材质，把标准材质转化为 VRayMtl 材质。首先单击漫反射后的"＿"按钮，弹出"材质 / 贴图浏览器"对话框，在该对话框中双击"■ 位图"按钮，弹出"选择位图图像文件"对话框，选择花纹布贴图。然后将反射的亮度改为 30；解开"高光光泽度"后的锁，将"高光光泽度"设置为 0.6，"反射光泽度"的值设置为 0.65，"细分"为 8，同时在贴图通道中为凹凸通道增加一个皮革贴图，将凹凸值设置为 10，设置布艺材质如图 2-10 所示。

图 2-10　设置布艺材质

4. 设定摄影机和灯光

1）在浮动面板中单击"🔧"（创建）→"📷"（摄影机）→"　目标　"按钮，在顶视图中创建一架摄影机 1，具体参数设置如图 2-11 所示。摄影机在各个视图中的位置如图 2-12 所示。

图 2-11　摄影机参数设置

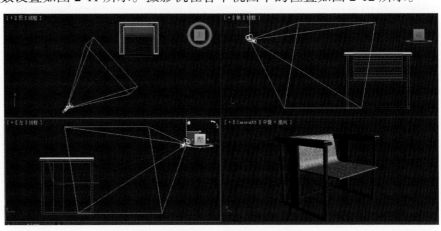

图 2-12　摄影机在各个视图中的位置

2）在浮动面板中单击"※"（创建）→"⬚"（灯光）按钮，单击"标准 ▼"右边的"▼"按钮，弹出下拉列表，在下拉列表中单击 VRay 命令，转到 VRay 灯光面板，在 VRay 灯光面板中单击"　VR_光源　"按钮，在顶视图中创建一盏"VR_光源"，颜色的 RGB 为（254，234，224），倍增器为 120.0，"类型"为球体，"半径"为 100mm，具体灯光参数设置如图 2-13 和图 2-14 所示。

图 2-13　灯光参数 1　　　　　　　　　　　　　　　图 2-14　灯光参数 2

5. 设置和调整渲染参数

1）单击菜单栏中的"渲染"，选择下拉菜单中的"渲染设置"，弹出渲染设置 VRay 对话框。该对话框主要包括公用、VR_基项、VR_间接照明和 VR_设置等选项卡。

2）首先选择 VR_基项选项卡，单击 VRay 全局开关展卷栏，将缺省灯光设置为关掉；再选择 VR_间接照明选项卡，勾选开启，设置首次反弹为"发光贴图"，二次反弹为"灯光缓存"，设置间接照明如图 2-15 所示。

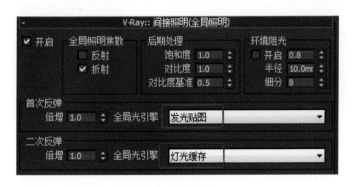

图 2-15　设置间接照明

⊙ 2.1.3　单体椅子 2 和台灯的最终效果

图 2-16 是单体椅子 2 的效果，图 2-17 是台灯的效果。

图 2-16　单体椅子 2　　　　　　　　　　　　　　　图 2-17　台灯

2.1.4　制作单体椅子 2 的操作步骤

1. 倒角剖面命令的应用

1）新建一个 3ds Max 文件，设置好单位，开始绘制单体椅子 2。先用线绘制椅子剖面与侧面图形，进行顶点编辑，完善图形，其界面如图 2-18 所示。选中图形进行"倒角剖面"，勾选"避免线相交"，单击拾取剖面，在视图中单击剖面线段，其界面如图 2-19 所示。

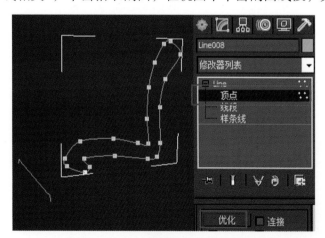

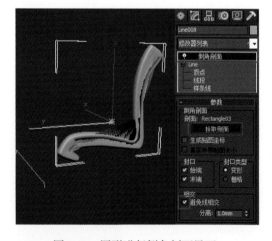

图 2-18　绘制编辑椅子剖面图形界面　　　　　　　　图 2-19　图形进行倒角剖面界面

2）对倒角剖面进行参数调整，先单击列表中倒角剖面前的加号，展开次层级，选中"剖面Gizmo"，单击"选择并旋转"按钮，在透视图中选中物体，并在视窗下方的"提示与坐标显示区"中 Z 轴方向输入 90，形成椅子坐垫部分，其界面如图 2-20 所示。

2. 线渲染与放样的应用

1）用线的顶点编辑绘制出单椅支脚轮廓，其界面如图 2-21 所示。

2）展开线渲染参数框，勾选"在渲染中启用"和"在视口中启用"，对径向中的厚度参数调整为 25.0mm，完成单椅支脚绘制，其界面如图 2-22 所示。把坐垫与支脚合在一起，完成最终单体椅子 2 模型，其界面如图 2-23 所示。

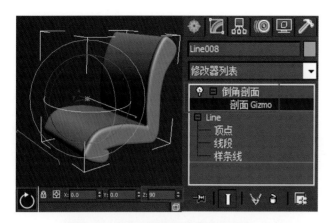

图 2-20 倒角剖面坐垫参数调整界面

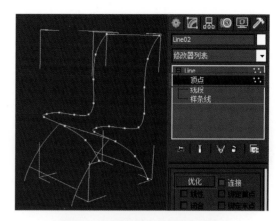

图 2-21 绘制单椅支脚轮廓界面

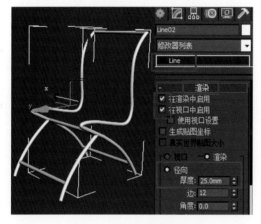

图 2-22 线渲染参数框界面

图 2-23 最终单体椅子 2 模型界面

3）用放样也可完成单体椅子 2 的椅支脚绘制。

3. 设定单体椅子 2 材质

1）选择椅子的坐垫，在工具栏中单击""（材质编辑器），弹出"材质编辑器"对话框，在该对话框中单击第 1 个示例球，将其材质示例的名字命名为"布艺"，再单击""（将材质指定给选定对象）。

2）在选择坐垫的同时，给坐垫在修饰器中增加一个 UVW 贴图，类型选择为长方体，再单击"Standard"按钮，选择 VRayMtl 材质，把标准材质转化为 VRayMtl 材质。首先将漫反射后的亮度值设置为 45，然后将反射的亮度改为 21；解开"高光光泽度"后的锁，将"高光光泽度"设置为0.5，"反射光泽度"的值设置为 0.7，"细分"从 8 改为 12，同时在贴图通道中为凹凸通道增加一个皮革贴图，将凹凸值设置为 20，设置黑色布艺材质如图 2-24 所示。

图 2-24 设置黑色布艺材质

3）单体椅子 2 的支撑按照金属材质的设置方法进行设置。

4. 设定摄影机和灯光

按照设置单体椅子的方式进行设置。

5. 设置和调整渲染参数

按照设置单体椅子的方式进行设置。

⊙2.1.5 制作台灯的操作步骤

1. 多边形的基本应用

1）新建一个 3ds Max 文件，设置好单位，开始绘制台灯。单击命令面板中"图形"按钮，在"对象类型"中选择"多边形"，在顶视图中绘制多边形，并对其参数进行设置，其界面如图 2-25 所示。

2）对多边形进行轮廓偏移，形成双线多边形，其界面如图 2-26 所示。

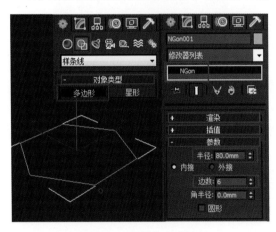

图 2-25 绘制多边形界面

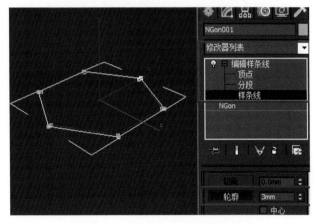

图 2-26 多边形进行轮廓偏移界面

2. 挤出与锥化命令的应用

1）选中绘制的双线六边形，在修改器列表中选择"挤出"命令，将参数数量设置为 120mm，其界面如图 2-27 所示。

2）选中绘制的挤出六边柱体，在修改器列表中选择"锥化"命令，将参数"锥化"→"数量"设置为 −0.7，灯罩初步模型完成，其界面如图 2-28 所示。

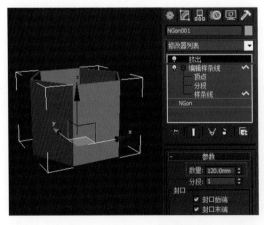

图 2-27 双线六边形挤出界面

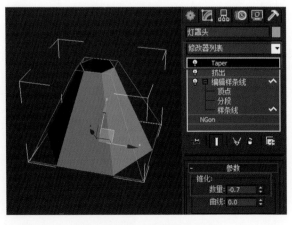

图 2-28 六边柱体锥化界面

3. 车削命令的应用

1）用线绘制台灯支架纵剖面图形，并进行顶点编辑。绘制台灯支架剖面图形界面如图 2-29 所示。

2）对图形进行"车削"命令，并对参数进行设置。图形车削界面如图 2-30 所示。

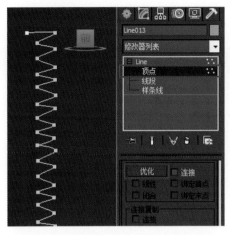
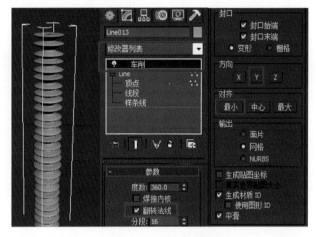

图 2-29　绘制台灯支架剖面图形界面　　　　　图 2-30　图形车削界面

4. 弯曲命令的应用

1）在修改器列表中选择"弯曲"命令，进行参数设置。台灯支架弯曲界面如图 2-31 所示。

2）用"切角圆柱体"绘制台灯基座与灯罩尾部部分，设置参数，将灯罩旋转到合适的角度，把所有物体组合在一起，完成台灯模型。绘制基座与最终台灯模型界面如图 2-32 所示。

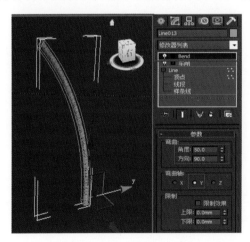
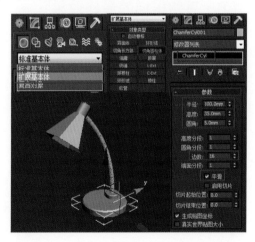

图 2-31　台灯支架弯曲界面　　　　　　图 2-32　绘制基座与最终台灯模型界面

5. 设定台灯材质

1）选择台灯的底座和灯罩，在工具栏中单击"🔲"（材质编辑器），弹出"材质编辑器"对话框，在该对话框中单击第 1 个示例球，将其材质示例的名字命名为"不锈钢"，再单击"🔲"（将材质指定给选定对象）。

2）单击"Standard"按钮，选择 VRayMtl 材质，把标准材质转化为 VRayMtl 材质。首先将漫反射后的亮度值设置为 121，然后将反射的亮度改为 220；解开"高光光泽度"后的锁，将"高光光泽度"设置为 0.9，"反射光泽度"的值设置为 0.96，"细分"从 8 改为 12。设置不锈钢材质界面如图 2-33 所示。

3）选择台灯的支架，在工具栏中单击"🔲"（材质编辑器），弹出"材质编辑器"对话框，在该对话框中单击第 2 个示例球，将其材质示例的名字命名为"塑料"，再单击"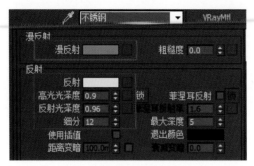"（将材质指定给选定对象）。

4）单击"Standard"按钮，选择 VRayMtl 材质，把标准材质转化为 VRayMtl 材质。首先将漫反射后的亮度值设置为 30，然后将反射的亮度改为 20；不解开"高光光泽度"后的锁，将"反射光泽度"的值设置为 0.6。设置黑色塑料材质界面如图 2-34 所示。

图 2-33　设置不锈钢材质界面

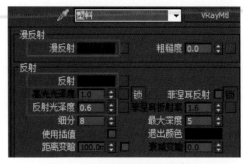
图 2-34　设置黑色塑料材质界面

6. 设定摄影机和灯光
按照设置单体椅子的方式进行设置。

7. 设置和调整渲染参数
按照设置单体椅子的方式进行设置。

2.1.6　直跑楼梯的最终效果

图 2-35 是直跑楼梯的效果。

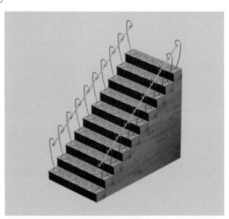
图 2-35　直跑楼梯

2.1.7　制作直跑楼梯的操作步骤

1. 对齐命令的应用
1）新建一个 3ds Max 文件，设置好单位，开始绘制直跑楼梯。用挤出命令与长方体绘制楼梯底座和单个梯步，用线渲染与球体绘制金属支杆，楼梯底座与梯步支杆界面如图 2-36 所示。选择单个梯步与金属支杆组合体，用对齐命令将其与楼梯底座进行第一步对齐，第一步对齐界面如图 2-37 所示。

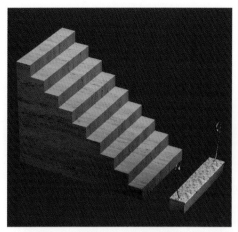

图 2-36 楼梯底座与梯步支杆界面

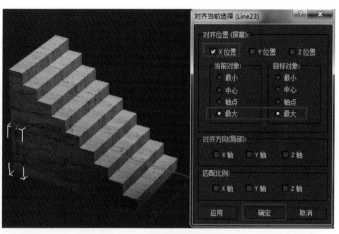

图 2-37 第一步对齐界面

2）继续用对齐命令将其与楼梯底座进行第二步对齐，第二步对齐界面如图 2-38 所示。

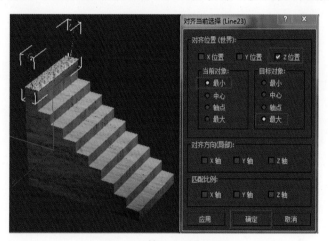

图 2-38 第二步对齐界面

2. 复制命令的应用

1）选择梯步与支杆组合体，单击【S】快捷键，打开捕捉开关，选择三维捕捉方式，在视图中捕捉底座顶点，以实例方式克隆。

2）绘制两根贯穿支杆的扶手杆，完成楼梯模型，楼梯最终模型界面如图 2-39 所示。

图 2-39 楼梯最终模型界面

3．设定直跑楼梯的材质

直跑楼梯所赋材质均以 3ds Max 自带材质进行设置，其参数界面如图 2-40、图 2-41 和图 2-42 所示。

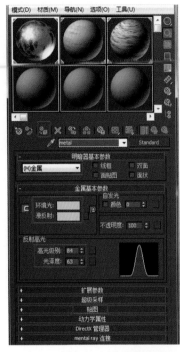

图 2-40　铜色金属材质设置界面　　图 2-41　石材一材质设置界面　　图 2-42　石材二材质设置界面

4．设定摄影机和灯光

按照设置单体椅子的方式进行设置。

5．设置和调整渲染参数

按照设置单体椅子的方式进行设置。

▶ 2.1.8　旋转楼梯的最终效果

图 2-43 是旋转楼梯的效果。

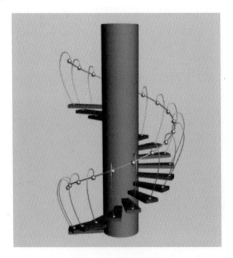

图 2-43　旋转楼梯

2.1.9 制作旋转楼梯的操作步骤

1. 轴心控制方法

1）新建一个 3ds Max 文件，设置好单位，开始绘制旋转楼梯。用挤出命令绘制楼梯单个踏步，用线渲染与球体绘制金属支杆，用圆柱命令绘制中心柱，选择单个踏步与金属支杆组合体，将其对齐中心柱边缘。踏步支杆与中心柱界面如图 2-44 所示。

2）选择单个踏步与金属支杆组合体，单击命令面板中"层次"按钮，在调整轴中选择"仅影响轴"，通过对齐命令将轴心调整到圆柱中心。踏步支杆组合体轴心调整界面如图 2-45 所示。

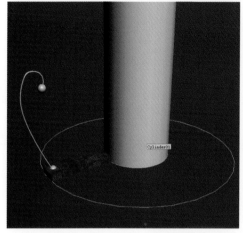
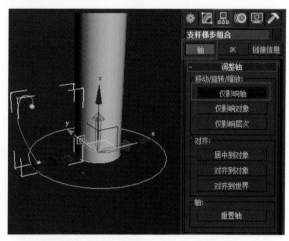

图 2-44 踏步支杆与中心柱界面　　　　　图 2-45 踏步支杆组合体轴心调整界面

2. 阵列命令应用

1）单击工具菜单下的"阵列"，弹出阵列对话框。

2）设置参数，完成踏步支杆组合体的旋转阵列。踏步支杆组合体阵列界面如图 2-46 所示。

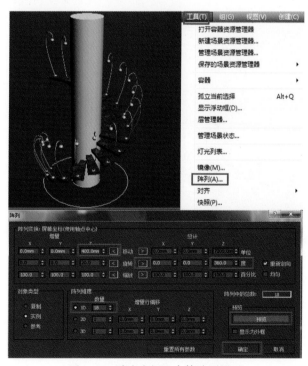

图 2-46 踏步支杆组合体阵列界面

3. 圆形、螺旋线命令应用

1）在命令面板中单击"图形"按钮，在对象类型中选择"螺旋线"，在顶视图中绘制螺旋线，将螺旋线与地面圆线的中心对齐。

2）在参数设置中勾选"在渲染中启用"与"在视口中启用"，设置径向厚度值、半径、高度、圈数以及逆时针转向，完成旋转楼梯最终模型。螺旋扶手与楼梯最终模型界面如图2-47所示。

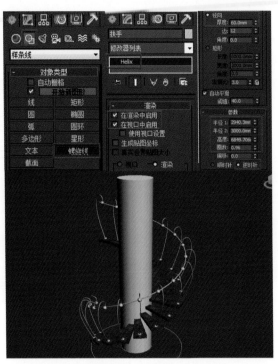

图2-47　螺旋扶手与楼梯最终模型界面

4. 设置旋转楼梯的材质

材质的基本设置与直跑楼梯材质设置方法基本相同。

5. 设定摄影机和灯光

按照设置单体椅子的方式进行设置。

6. 设置和调整渲染参数

按照设置单体椅子的方式进行设置。

任务2　复杂家具的制作

▶2.2.1　制作简约沙发

1. 多边形建模制作沙发的主体部分

1）新建一个3ds Max文件，设置好单位，开始绘制沙发底座。用线或矩形编辑绘制出底座正立面图形，将其挤出800mm，在修改器列表中选择"编辑多边形"，展开次层级，选择"边"编辑方式，参数选项中选择"切角"，并对其进行参数设置，沙发底座绘制完成。沙发底座绘制界面如图2-48所示。

2）绘制沙发靠背，先绘制一个长方体，设置参数，沙发靠背长方体绘制界面如图 2-49 所示。

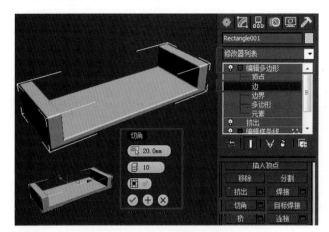

图 2-48　沙发底座绘制界面

图 2-49　沙发靠背长方体绘制界面

3）将长方体转化为"编辑多边形"，选择"顶点"编辑层级，对长方体侧面进行顶点移动编辑，其界面如图 2-50 所示。选择"边"编辑层级，选择长方体侧面外轮廓边线，进行"切角"，设置参数，长方体侧面边切角界面如图 2-51 所示。

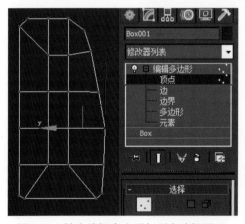

图 2-50　转为编辑多边形与顶点编辑界面

图 2-51　长方体侧面边切角界面

4）选择"边"编辑层级，选择切角两条边之间的所有边线，对其进行"连接"，并设置参数，在切角边线之间添加了两条边线，用连接添加边线界面如图 2-52 所示。选择"多边形"编辑层级，选择新添加的两条边线之间的所有面，用多边形选择添加面界面如图 2-53 所示。

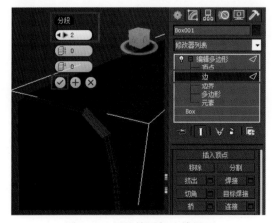

图 2-52　用连接添加边线界面

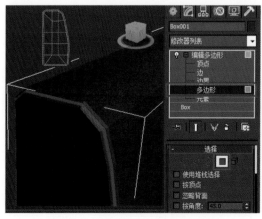

图 2-53　用多边形选择添加面界面

5）对选择的面进行"倒角"，设置参数，其界面如图 2-54 所示。将完成的靠背进行"对称"，勾选镜像轴 Z 轴，其界面如图 2-55 所示。对靠背进行"网格平滑"，更换颜色，完成最终沙发靠背模型，其界面如图 2-56 所示。

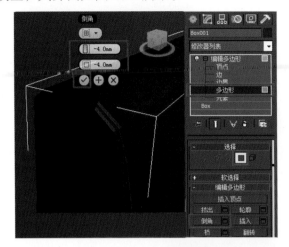

图 2-54　多边形倒角界面

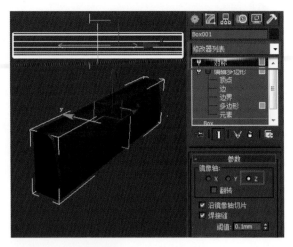

图 2-55　多边形对称界面

图 2-56　最终沙发靠背模型界面

6）绘制一个长方体，设置参数，其界面如图 2-57 所示。在修改器列表中选择"FFD 4×4×4"，选择"控制点"，编辑长方体，其界面如图 2-58 所示。

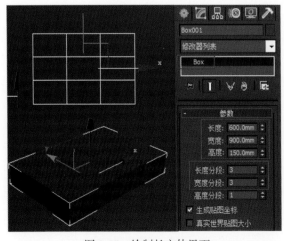

图 2-57　绘制长方体界面

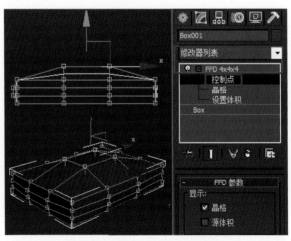

图 2-58　FFD 4×4×4 编辑界面

7）将长方体转为"编辑多边形"，对边进行切角，设置参数，其界面如图 2-59 所示。用"连接"为切角面添加边线，其界面如图 2-60 所示。

图 2-59　边切角界面

图 2-60　添加边线界面

8）选择添加边线之间的所有面进行"倒角"，其界面如图 2-61 所示。对倒角后的多边形进行"网格平滑"，其界面如图 2-62 所示。最后绘制出金属支脚，完成最终沙发主体模型，其界面如图 2-63 所示。

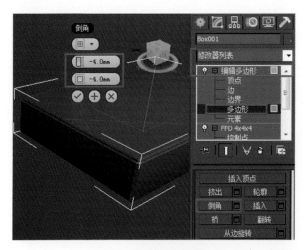

图 2-61　多边形倒角界面

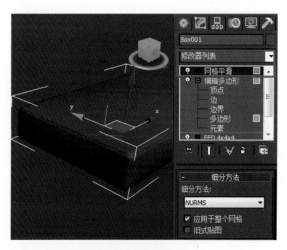

图 2-62　网格平滑界面

图 2-63　最终沙发主体模型界面

2. 制作沙发的配件

1）制作靠枕。绘制长方体，设置参数，其界面如图 2-64 所示。将长方体转为"编辑多边形"，编辑"顶点"，形成靠枕初步造型，其界面如图 2-65 所示。

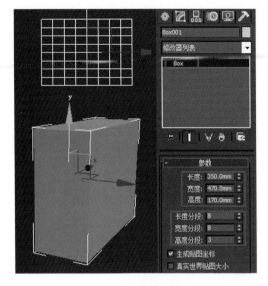

图 2-64　长方体绘制界面

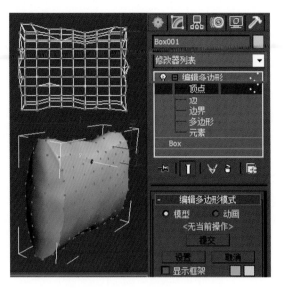

图 2-65　多边形顶点编辑界面

2）对靠枕进行"网格平滑"，完成靠枕模型绘制，其界面如图 2-66 所示。复制 4 个靠枕，将靠枕放到沙发主体上，并对左右两个靠枕进行弯曲，完成最终简约沙发模型，其界面如图 2-67 所示。

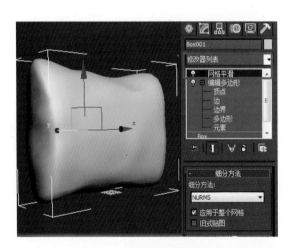

图 2-66　靠枕网格平滑界面

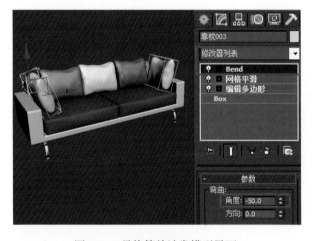

图 2-67　最终简约沙发模型界面

3. 赋予沙发材质

1）按【M】键弹出"材质编辑器"，选择一个材质球，设置沙发底座、靠背、坐垫材质参数，其界面如图 2-68 所示。

2）选择另一个材质球，设置不锈钢支脚材质参数，其界面如图 2-69 所示。靠枕材质设置方法参见坐垫材质参数设置。将材质指定给选定对象，赋予沙发材质完成。

（备注：应根据物体形状给物体指定"UVW 贴图"，设置贴图参数。）

4. 对沙发进行单体渲染

按【F9】键打开渲染帧窗口，开始渲染，沙发最终渲染图如图 2-70 所示。

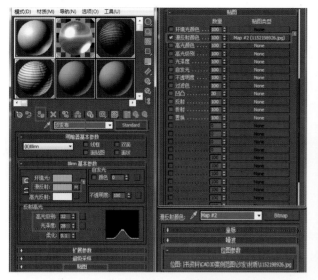

图 2-68　沙发底座、靠背、坐垫材质参数界面　　　　　　图 2-69　不锈钢支脚材质参数界面

图 2-70　沙发最终渲染图

2.2.2　制作床

1. 制作床的主体部分

1）新建一个 3ds Max 文件，设置好单位，开始绘制床。先用"挤出"、"编辑多边形"等工具绘制出床的基座，其界面如图 2-71 所示。在顶视图中，依据床垫大小绘制一个矩形，把矩形转为"编辑样条线"，单击"顶点"次层级，勾选"优化"右边的"连接"，单击优化命令，在矩形中上、下、左、右方向添加顶点，并将顶点连接起来，然后对顶点进行移动编辑，得到床单线状轮廓，其界面如图 2-72 所示。

2）选择床单线状轮廓，在修改器列表中选择"曲面"命令，设置参数，得到实体床单，然后再给床单"网格平滑"，完成床单模型，其界面如图 2-73 所示。用放样方法绘制被单剖面图形与剖面路径，进行放样，在"蒙皮参数"中设置"图形步数"15 和"路径步数"40，得到床单初步形状，其界面如图 2-74 所示。

图 2-71　绘制床基座界面

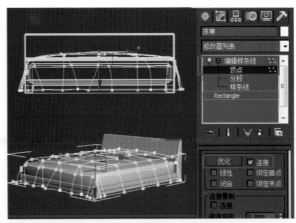

图 2-72　绘制床单线状轮廓界面

图 2-73　曲面与网格平滑界面

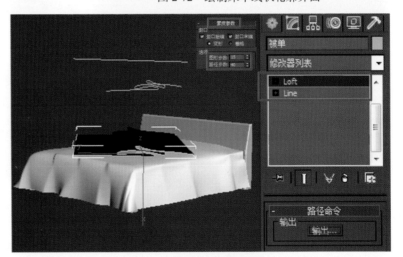

图 2-74　床单初步形状界面

3）选择放样后的床单，在修改器列表中选择"FFD（长方体）"命令，设置参数，单击"控制点"，对床单进行点移动编辑，得到床单弯曲形状，其界面如图 2-75 所示。在修改器列表中选择"壳"命令，设置"参数"的"外部量"为 10mm，再给床单"网格平滑"，完成床主体模型，其界面如图 2-76 所示。

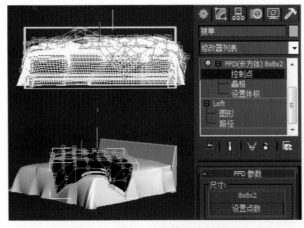

图 2-75　FFD（长方体）编辑界面

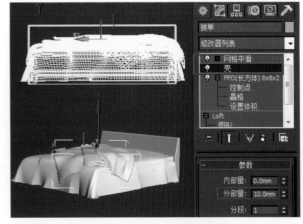

图 2-76　壳与床主体模型界面

2. 制作床的配件

床配件枕头的绘制参见前面沙发靠枕的绘制方法，最终完成床模型，床最终模型如图 2-77 所示。

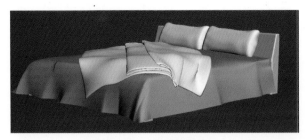

图 2-77　床最终模型

3. 赋予床材质

1）按【M】键弹出"材质编辑器"，选择一个材质球，设置床条纹被单材质参数，其界面如图 2-78 所示。床单与基座材质设置基本相同于条纹被单材质设置，只是贴图图片不同。

2）选择另一个材质球，设置床枕头材质参数，其界面如图 2-79 所示。将材质指定给选定对象，赋予沙发材质完成。

（备注：应根据物体形状给物体指定"UVW 贴图"，设置贴图参数。）

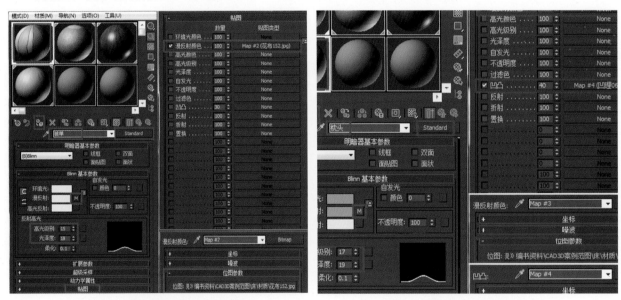

图 2-78　床条纹被单材质参数界面　　　　　　　　　图 2-79　床枕头材质参数界面

4. 对床进行单体渲染

按【F9】键打开渲染帧窗口，开始渲染，床最终渲染图如图 2-80 所示。

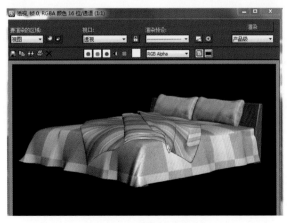

图 2-80　床最终渲染图

本章小结 《《

　　本章主要通过家具构件案例的讲解，针对性地介绍了样条曲线编辑的应用、旋转命令的应用、弯曲命令的应用、倒角长方体的应用、放样的应用、多边形的基本应用、对齐命令的应用、复制命令的应用、球体命令的应用、轴心控制方法、阵列命令的应用、圆形与螺旋线命令的应用等相关内容。

　　知识要点回顾：

　　1. 主要修饰器如弯曲、倒角、放样、UVW 贴图、FFD 等在建模中的应用。

　　2. 多边形建模主要从点、线、边界、面和体对模型进行综合修改。

　　3. VRay 材质的设置主要包括漫反射、反射、折射和贴图通道的设置。

　　4. 3ds Max 标准材质的设置主要包括环境光、漫反射、高光级别、光泽度和贴图通道的设置。

　　5. 创建摄影机，选择合理的镜头值。

　　6. 灯光设置应从类型、强度、色彩、大小、投射阴影和细分进行综合考虑。

　　7. 渲染需要打开间接照明，首次反弹选择发光贴图，二次反弹选择灯光缓存，并在全局开关中关闭默认灯光和隐藏灯光。

实训练习 《《

　　1. 绘制本章中讲到的所有案例。

　　2. 制作台灯模型（图 2-81）和椅子模型（图 2-82），并赋予材质，渲染出图。

图 2-81　台灯模型　　　　　　　　　　　图 2-82　椅子模型

　　3. 列举部分书外的案例进行绘制。

　　提示：老师可以根据学生的实际能力情况，针对接受能力比较强的学生，可适当加量或提高要求；针对基础比较薄弱的学生，可适当减量或放宽要求。

第3章　室内客厅效果图表现

学习目标 《《

　　了解室内客厅的设计思路、制作方法和表现技术；掌握常见的建模技术，摄影机的设置方法和调整，VRay 灯光和光度计灯光的应用，VRay 材质的设置方法，后期处理等相关知识。

知识要点 《《

　　导入 AutoCAD 图样进行参考建模；创建隔断模型和其他模型；为主体模型赋予 VRay 材质；为家具赋予 VRay 材质；设置摄影机和调整；合并其他家具模型并赋予材质；设置和调整灯光；设置和调整渲染参数；设置输出效果图的渲染参数；Photoshop 后期处理。

教学课时 《《

　　一般情况下需要 12 课时，其中理论占 5 课时，实际操作占 7 课时。

　　客厅空间表现在室内设计中占有相当重要的位置。客厅是待人接物最频繁的场所之一，可体现主人的个性和生活品质，客厅要求空间宽敞化、最高化，给人们提供一个进行公共活动的环境。由于使用人群的不同，室内空间按风格主要分为现代简约、新古典主义、现代中式和乡村田园等。本次案例选用了室内客厅空间，它是居住空间常见的一种。表现室内客厅空间，第一是确定视觉中心，即空间的焦点设计，通过观察角度的选择，可以体现室内客厅的特点；第二是室内客厅的家具和空间的协调一致性；第三是室内客厅氛围的营造，突出主人的品位。本案例的客厅效果如图 3-1 所示。

　　一般室内客厅的模型包括对 AutoCAD 图样的充分理解，按照图样要求进行主体空间的建模。同时，根据图样的内容，合并场景中常见的模型，如沙发、电视、灯具等模型。本章的讲解按照完成室内客厅效果图的流程，从模型的创建，赋予模型材质到摄影机的设置，对场景进行灯光的布置和渲染输出。

图 3-1　客厅效果图

任务 1　创建室内客厅模型

▶ 3.1.1　案例效果

图 3-2 是任务 1 完成模型后的效果。

图 3-2　模型完成后的效果

3.1.2　案例制作流程（步骤）分析

室内客厅效果图制作流程如图 3-3 所示。

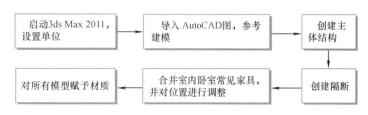

图 3-3　室内客厅效果图制作流程

3.1.3　空间模型创建和材质赋予

1. 室内场景模型创建

1）造型吊顶模型创建。打开第 1 章创建的客厅墙体、地面以及门窗洞口 3ds Max 文件，在文件中创建造型吊顶，造型吊顶模型创建方法与第 1 章创建墙体与地面基本相同，导入顶棚 CAD 图进行勾边线编辑挤出即可，造型吊顶模型创建界面如图 3-4 所示。

2）造型隔断模型创建。用编辑矩形、合并与挤出等命令完成模型创建，具体方法参见前面章节，造型隔断模型创建界面如图 3-5 所示。

图 3-4　造型吊顶模型创建界面

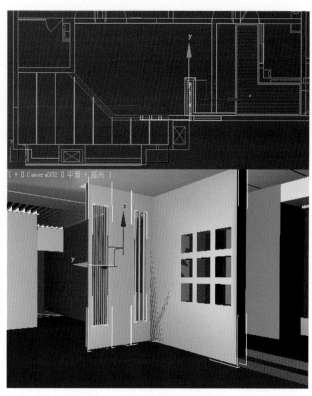

图 3-5　造型隔断模型创建界面

3）其他场景模型创建。用编辑线、矩形、挤出与阵列等命令完成装饰墙、书柜等模型创建，具体方法参见前面章节，装饰墙、书柜等模型创建界面如图 3-6 所示。

2. VRay 材质的设置

1）按快捷键【F10】，弹出"渲染设置：V-Ray Adv 2.10.01"对话框，在"公用"下"指定渲染器"下的"产品级"中选择"V-Ray Adv 2.10.01"，指定 V-Ray 渲染器，其界面如图 3-7 所示。

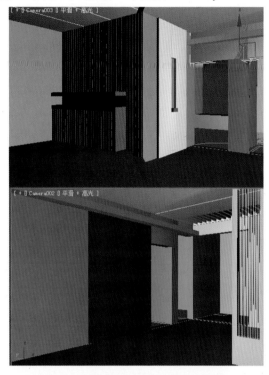

图 3-6　装饰墙、书柜等模型创建界面

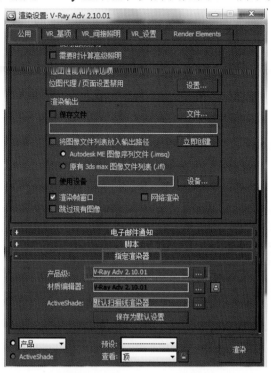

图 3-7　指定 V-Ray 渲染器界面

2）按快捷键【M】，弹出"材质编辑器"对话框，开始设置 VRay 材质。木纹材质设置界面如图 3-8 所示；地砖 1 材质设置界面如图 3-9 所示；有色乳胶漆 1 材质设置界面如图 3-10 所示；有色乳胶漆 2 材质设置界面如图 3-11 所示；不锈钢材质设置界面如图 3-12 所示；沙发布材质设置界面如图 3-13 所示；沙发靠枕布 1 材质设置界面如图 3-14 所示；地毯材质设置界面如图 3-15 所示；白色塑钢窗框与玻璃窗材质设置界面如图 3-16 所示；水泥板材质设置界面如图 3-17 所示；电视屏材质设置界面如图 3-18 所示；电视哑光不锈钢材质设置界面如图 3-19 所示。

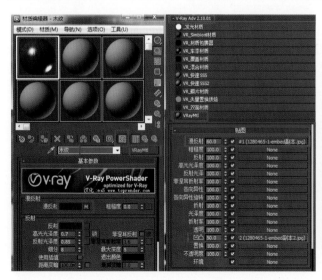

图 3-8　木纹材质设置界面

图 3-9　地砖 1 材质设置界面

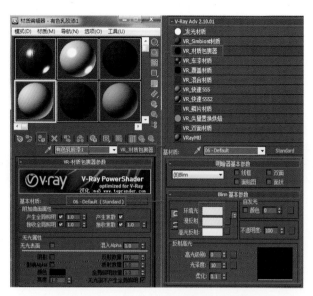

图 3-10　有色乳胶漆 1 材质设置界面

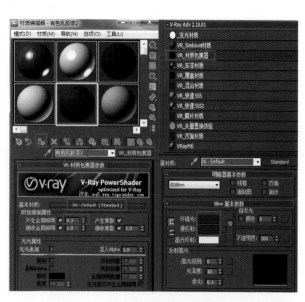

图 3-11　有色乳胶漆 2 材质设置界面

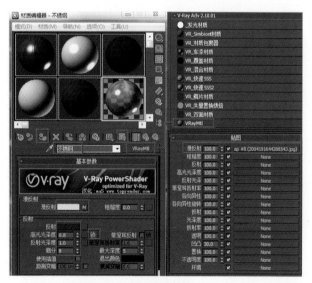

图 3-12　不锈钢材质设置界面

图 3-13　沙发布材质设置界面

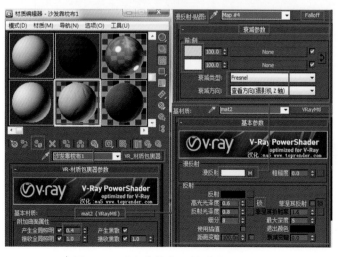

图 3-14　沙发靠枕布 1 材质设置界面

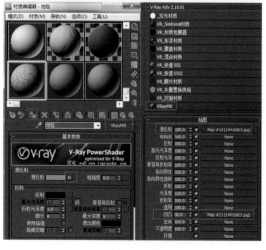

图 3-15　地毯材质设置界面

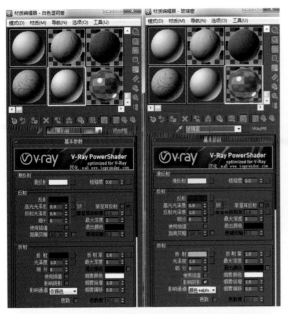 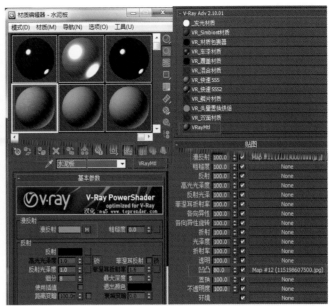

图 3-16　白色塑钢窗框与玻璃窗材质设置界面　　　　　图 3-17　水泥板材质设置界面

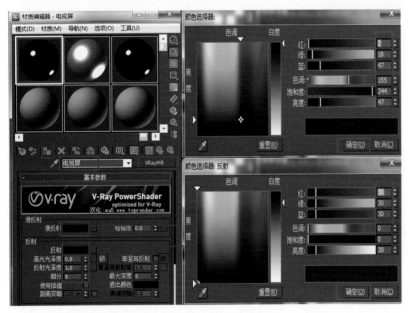 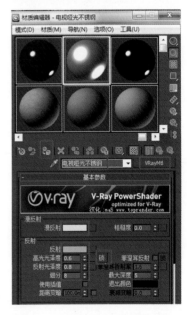

图 3-18　电视屏材质设置界面　　　　　　　　　图 3-19　电视哑光不锈钢材质设置界面

　　以上是部分主要材质的设置，其余材质设置请详见"客厅材质设置 .max"文件，在"材质编辑器"中查找相关材质参数。

任务 2　设定室内客厅的观察角度、灯光和渲染处理

⊙ 3.2.1　案例效果

　　图 3-20 为完成后的渲染效果。

图 3-20　完成后的渲染效果

3.2.2　案例制作流程（步骤）分析

案例制作流程如图 3-21 所示。

图 3-21　案例制作流程

3.2.3　详细操作步骤

1. 创建摄影机

1）选择"目标摄影机"，在顶视图中创建摄影机，创建摄影机参数界面如图 3-22 所示。

2）在透视图中按快捷键【C】，切换为摄影机视图，创建摄影机后的空间界面如图 3-23 所示。

图 3-22　创建摄影机参数界面

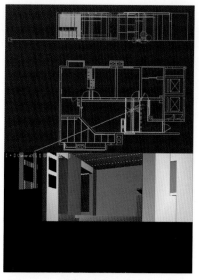

图 3-23　创建摄影机后的空间界面

2．调整摄影机和修正

1）对摄影机进行高度、左右方向的调整，直到空间角度合适为止，调整摄影机界面如图 3-24 所示。

2）对摄影机进行进深方向的调整，直到空间进深合适为止，调整摄影机后的空间界面如图 3-25 所示。

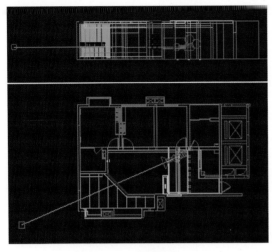

图 3-24　调整摄影机界面

图 3-25　调整摄影机后的空间界面

3．合并模型

1）进入"导入"菜单，选择"合并"，进入导入菜单界面如图 3-26 所示。

2）打开"合并文件"对话框，选择"落地窗"文件，其界面如图 3-27 所示。

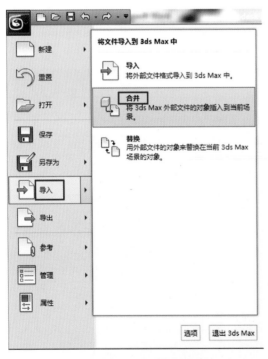

图 3-26　进入导入菜单界面

图 3-27　选择合并文件界面

3）进入"合并落地窗"对话框，选择要合并的物体，完成合并，合并落地窗对话框界面如图 3-28 所示。

4）继续合并其他家具模型，完成所有模型合并，其界面如图 3-29 所示。

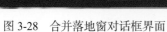

图 3-28　合并落地窗对话框界面　　　　　　　　　图 3-29　完成所有模型合并界面

4. 对合并模型赋予 VRay 材质

1）选择物体，选择材质球，单击"⬛"按钮，将材质指定给选定对象。

2）赋予材质后要给物体添加"UVW 贴图"，根据物体造型特点指定贴图类型，一般选用"长方体"贴图，赋予 VRay 材质后的模型界面如图 3-30 所示。

图 3-30　赋予 VRay 材质后的模型界面

5. 设置灯光

1）通过对场景的分析，用 VRay 灯光和光度学灯光设置室内主光源。

2）用 VRay 灯光设置装饰隔墙射灯与漫反射灯带光源，具体步骤及参数界面如图 3-31 所示。室内主光源设置完成最终空间效果界面如图 3-32 所示。

3）用"VR_光源"灯光设置室外辅助光源，具体方法如图 3-33 所示。

4）用"VR_太阳"灯光设置室外太阳光源，绘制太阳光源时会弹出"V_Ray Sun"对话框。室外光源设置完成最终空间效果界面如图 3-34 所示。

图 3-31　VR_ 光源灯光设置界面

图 3-32　室内光源设置完成最终空间效果界面

图 3-33　VR_ 太阳灯光设置界面

图 3-34　室外光源设置完成最终空间效果界面

6. 渲染测试

1）设置 VRay 初始渲染参数，按快捷键【F10】，弹出"渲染设置"对话框，指定 VRay 渲染器。

2）依次对公用、VR_基项、VR_间接照明、VR_设置等参数进行设置，公用参数设置界面如图 3-35 所示，V-Ray 帧缓存参数设置界面如图 3-36 所示。

图 3-35　公用参数设置界面

图 3-36　V-Ray 帧缓存参数设置界面

3）V-Ray 全局开关参数设置界面如图 3-37 所示；V-Ray 间接照明（全局照明）参数设置界面如图 3-38 所示，V-Ray 发光贴图参数设置界面如图 3-39 所示；V-Ray 灯光缓存参数设置界面如图 3-40 所示。

图 3-37　V-Ray 全局开关参数设置界面

图 3-38　V-Ray 间接照明（全局照明）参数设置界面

图 3-39　V-Ray 发光贴图参数设置界面

图 3-40　V-Ray 灯光缓存参数设置界面

4）V-Ray DMC 采样器参数设置界面如图 3-41 所示。

5）保存发光贴图和灯光贴图的渲染，设置完成单击"渲染键"进行渲染，保存发光和灯光贴图的渲染图界面如图 3-42 所示。

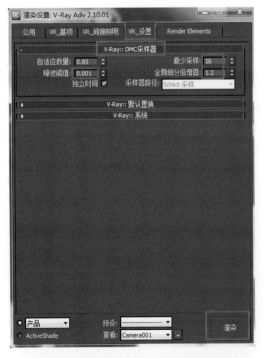

图 3-41　V-Ray DMC 采样器参数设置界面

图 3-42　保存发光和灯光贴图的渲染图界面

7. 设置最终出图渲染参数与渲染最终客厅效果图

1）最终输出大小尺寸参数设置界面如图 3-43 所示。

2）图像采样器（抗锯齿）参数设置界面如图 3-44 所示。

图 3-43　最终输出大小尺寸参数设置界面

图 3-44　图像采样器参数设置界面

3）客厅最终渲染效果图如图 3-45 所示。

图 3-45　客厅最终渲染效果图

8. 用 Photoshop 进行后期处理

1）在 Photoshop 中打开文件，按快捷键"Ctrl+M"，弹出"曲线"参数设置对话框。

2）对曲线进行调整，调整客厅效果图整体亮度，具体参数设置与最终效果界面如图 3-46 所示。

3）按快捷键"Alt+Shift+Ctrl+L"，调整自动对比度。最终效果图如图 3-47 所示。

图 3-46 参数设置与最终效果界面

图 3-47 最终效果图

本章小结 《《

　　本章主要通过室内客厅效果图案例的制作过程来介绍如何参考 CAD 图样进行室内空间建模，常见家具的合并和位置调整，如何设置场景中的材质，摄影机和场景灯光的设置，利用 Photoshop 进行后期处理等相关内容。

　　知识要点回顾：

　　1．导入 AutoCAD 图进行参考建模的方式。

　　2．如何合并其他模型，并对其位置进行调整。

　　3．主体结构和家具在 VRay 材质设置中需与整体设计风格保持一致。

　　4．创建摄影机的位置选择和透视进行合理的调整。

　　5．分析客厅场景的灯光，按照主光源、辅助光源的类型进行布光，通过多次草图渲染测试确定灯光的参数是否达到场景的要求。

　　6．渲染设置分两部分，一是渲染测试，二是出图渲染。渲染测试尽量将参数调低，并通过渲染能确保场景的效果达到初步要求；出图渲染要求将渲染的参数调高，达到商业效果图的标准。

　　7．通过 Photoshop 的后期处理，让渲染出的图片在表现上更上一个层次，应用 Photoshop 主要是通过曲线、色相饱和度、亮度和对比度对场景图片进行调整。

实训练习 《《

1. 绘制本章中所讲案例。
2. 制作室内客厅空间效果图一、二（图 3-48、图 3-49）。

图 3-48　室内客厅空间效果图一　　　　　　　　图 3-49　室内客厅空间效果图二

提示：老师可以根据学生的实际能力情况，针对接受能力比较强的学生，可适当加量或提高要求；针对基础比较薄弱的学生，可适当减量或放宽要求。

第4章　室内卧室效果图表现

学习目标 《《

　　了解室内卧室的设计思路、制作方法和表现技术；掌握常见的建模技术，VRay 灯光和光度计灯光的应用，VRay 材质的设置方法，Photoshop 后期处理等相关知识。

知识要点 《《

　　导入 AutoCAD 图样进行参考建模；创建室内墙体和结构；创建室内门窗；为主体模型赋予 VRay 材质；合并家具和调整位置；为家具赋予 VRay 材质；创建摄影机和修正；灯光的设置和调整；设置渲染参数和调整；设置输出效果图的渲染参数；Photoshop 后期处理。

教学课时 《《

　　一般情况下需要 14 课时，其中理论占 6 课时，实际操作占 8 课时。

　　卧室空间表现在室内设计中占有相当重要的位置，人们常说家是人心灵的归宿，而卧室空间正是给人们提供了这样一种放松的环境。本次案例选用了室内卧室空间，它是居住空间常见的一种。表现室内卧室空间，第一是确定视觉中心，即空间的焦点设计，通过观察角度的选择，可以体现室内卧室的特点；第二是室内卧室的家具和空间的协调一致性；第三是室内卧室氛围的营造，突出温馨和舒适感。室内卧室效果图如图 4-1 所示。

图 4-1　室内卧室效果图

一般室内卧室的模型包括对 AutoCAD 图样的充分理解，按照图样要求进行主体空间的建模。同时，根据图样的内容，合并场景中常见的模型，如床、沙发、床头柜和灯具等模型。本章的讲解按照完成室内卧室效果图的流程，从模型的创建，赋予模型材质到摄影机的设置，对场景进行灯光的布置和渲染输出。

任务 1　创建室内卧室模型

4.1.1　案例效果

图 4-2 是任务 1 完成模型后的效果。

图 4-2　模型完成后的效果

4.1.2　案例制作流程（步骤）分析

室内卧室效果图制作流程如图 4-3 所示。

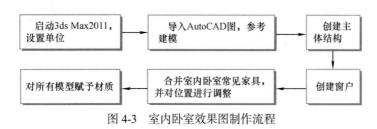

图 4-3　室内卧室效果图制作流程

4.1.3　详细操作步骤

1. 设置单位

1）启动 3ds Max 2011。在桌面上双击"⬤"图标即可启动 3ds Max 2011，或单击"⬤"（开始）→"⬤ Autodesk 3ds Max 2011 32 位"项启动 3ds Max 2011。

2）定义单位。在工具栏中单击" 自定义(U) "→" 单位设置(U)... "命令，弹出"单位设置"对话框，具体设置界面如图 4-4 所示，设置完毕后，单击" 确定 "按钮即可。

图 4-4　单位设置界面

3）保存文件名为"室内卧室 .max"文件。

2. 导入 AutoCAD 文件

1）在菜单栏" ⑤ "下单击导入命令，在选项中选择" 导入 将外部文件格式导入到 3ds Max 中。 "，在弹出的对话框中选择要导入的文件，找到会议室平面图的 CAD 文件，单击"打开"按钮即可。

2）在对话框中勾选" ☑ 焊接附近顶点(W)　焊接阈值(T): 2.54mm ☑ 自动平滑相邻面(A)　平滑角度(S): 15.0 "，单击" 确定 "按钮即可。导入 AutoCAD 图如图 4-5 所示。

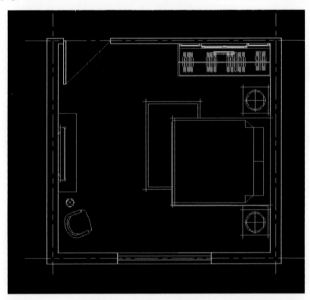

图 4-5　导入 AutoCAD 图

3. 创建主体结构

1）选择导入的图形，右键单击，在弹出的对话框中选择冻结当前选择；在工具栏上右键单击" ² "按钮，在弹出的对话框中选择选项卡，勾选"捕捉到冻结对象"；同时选择"捕捉"，只勾选"顶点"。设置捕捉到冻结对象界面和设置捕捉类型界面如图 4-6 和图 4-7 所示。

2）单击命令面板下的" "按钮，选择" "按钮，在对象类型中选择线命令，同时去掉开始新图形前的勾。

在开始绘制线之前，将创建方法中的拖动类型和初始类型都选为角点。设置线的点类型界面如图 4-8 所示。

图 4-6　设置捕捉到冻结对象界面　　　　图 4-7　设置捕捉类型界面　　　　图 4-8　设置线的点类型界面

3）用线命令将平面图中的墙体勾出，当提示是否合并样条曲线时，选择"是"。然后选择命令面板下的修改"　"，选择修改器列表下的挤出命令，设置数量为 3600mm，按照同样的方法通过挤出命令创建窗台和窗户上面的墙体，挤出墙体界面如图 4-9 所示。

4）采用同样的方法用矩形命令绘制地面，再用挤出命令生成地面，挤出数量为 -50mm。

5）采用同样的方法用矩形命令绘制吊顶，再用挤出命令生成吊顶，挤出的数量为 200mm，右键单击"　"按钮，在弹出的对话框中在偏移 Z 轴中输入 3600mm，创建地面和吊顶界面如图 4-10 所示。

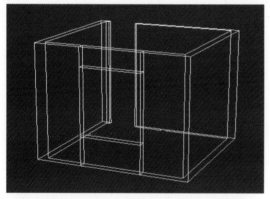

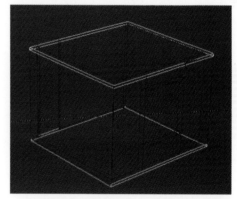

图 4-9　挤出墙体界面　　　　　　　　　　图 4-10　创建地面和吊顶界面

6）采用同样的方法绘制床背后的造型，采用样条曲线的方式进行编辑，床背后造型的正面和侧面如图 4-11 和图 4-12 所示。

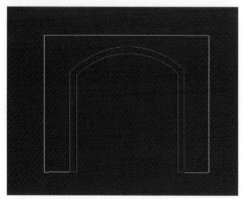

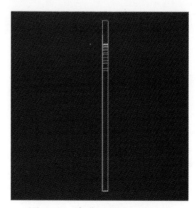

图 4-11　床背后造型的正面　　　　　　　　图 4-12　床背后造型的侧面

4．制作窗构件

1）制作窗框，按照立面尺寸，用矩形命令绘制窗框轮廓。先绘制外框矩形，右键单击将矩形转化为可编辑样条线，在"样条线"命令下选择"轮廓"命令，值为80mm。设置样条线的轮廓界面如图4-13所示。

2）按照样条曲线的编辑方法，创建如图4-14所示的窗框轮廓。

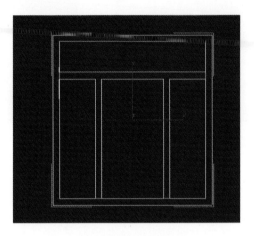

图4-13　设置样条线的轮廓界面　　　　　　　图4-14　窗框轮廓创建的样式

3）选择窗框造型，执行挤出命令，数量为180mm，生成窗框，挤出窗框界面如图4-15所示。

4）制作玻璃，根据创建的窗框用矩形命令绘制玻璃尺寸，然后挤出数量为12mm。绘制和挤出玻璃界面如图4-16所示。

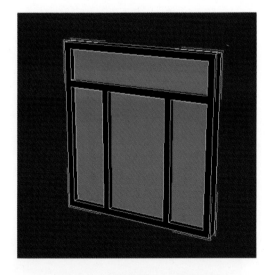

图4-15　挤出窗框界面　　　　　　　　　图4-16　绘制和挤出玻璃界面

5. 合并场景家具和位置调整

1）在菜单栏"⊚"下单击"导入"命令，在选项中选择"🔲 合并 将3ds Max 外部文件的对象插入到当前场景。"命令，在弹出的对话框中选择筒灯，单击"打开"按钮，然后在弹出的合并对话框中，选择筒灯，单击"█ 确定 █"按钮即可，如图4-17和图4-18所示。

2）导入床后，按照CAD图的位置摆放床的位置，设置床的位置界面如图4-19所示。

3）采用同样的方法，将其他模型依次合并到场景中，并对其位置和尺寸进行适当的调整。

2）选择墙体模型，在工具栏中单击"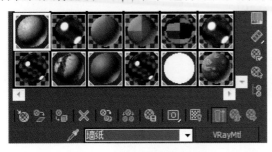"（材质编辑器），弹出"材质编辑器"对话框，在该对话框中单击第 1 个示例球，将其材质示例的名字命名为"墙纸"，再单击""（将材质指定给选定对象）。设置材质名称界面如图 4-22 所示。

3）单击"Standard"按钮，选择 VRayMtl 材质，把标准材质转化为 VRayMtl 材质。首先单击漫反射后的""按钮，弹出"材质/贴图浏览器"对话框，在该对话框中双击"位图"按钮，弹出"选择位图图像文件"对话框，选择贴图文件界面如图 4-23 所示。

图 4-22　设置材质名称界面

图 4-23　选择贴图文件界面

4）将贴图模糊改为 0.01，反射的 RGB 设置为 15，将反射光泽度改为 0.6，并将漫反射的贴图的灰度图复制到凹凸通道中，数量改为 45，墙纸材质基本参数界面如图 4-24 所示，选择凹凸贴图文件界面如图 4-25 所示。

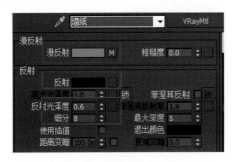

图 4-24　墙纸材质基本参数界面

图 4-25　选择凹凸贴图文件界面

5）选择窗帘模型，在工具栏中单击""（材质编辑器），弹出"材质编辑器"对话框，在该对话框中单击第 2 个示例球，将其材质示例的名字命名为"白纱帘"，再单击""（将材质指定给选定对象）。单击"Standard"按钮，选择 VRayMtl 包裹材质，把标准材质转化为 VRay 类型材质，设置接收全局照明为 1.2，进入 VRayMtl 材质，将漫反射 RGB 改为 249，折射的 RGB 改为 255，"折射率"改为 1.01，"细分"改为 12，勾选影响阴影选项；并在折射中加入衰减贴图，衰减模式改为 Fresnel，第一个色块的 RGB 改为 154，其设置界面如图 4-26 和图 4-27 所示。

图 4-26　VRayMtl 基本参数设置界面

图 4-27　衰减贴图的设置界面

6）选择落地灯模型，在工具栏中单击""（材质编辑器），弹出"材质编辑器"对话框，在该对话框中单击第 3 个示例球，将其材质示例的名字命名为"金属"，再单击"📦"（将材质指定给选定对象）。单击"Standard"按钮，选择 VRayMtl 材质，设置漫反射为黑色，反射的 RGB 为（196，168，106），"反射光泽度"为 0.8，"细分"为 7，金属材质的设置界面如图 4-28 所示。

图 4-28 金属材质的设置界面

7）其余物体的材质按照相似的方法进行设置。

通过以上的讲解，应熟悉如何导入 AutoCAD 图在 3ds Max 中进行参考建模，主体结构和窗户的创建，如何将各种模型合并到室内场景中，通过对 VRay 材质的应用，分析各种不同的物体应该如何正确地赋予材质。

任务 2 设定室内卧室的观察角度、灯光和渲染处理

▶4.2.1 案例效果

图 4-29 为完成后的室内卧室的渲染效果。

图 4-29 室内卧室的渲染效果

4.2.2 案例制作流程（步骤）分析

室内卧室效果图的制作流程如图 4-30 所示。

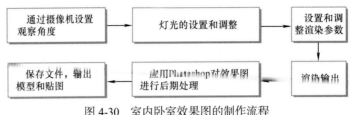

图 4-30 室内卧室效果图的制作流程

4.2.3 详细操作步骤

1. 通过摄影机设置观察角度

设置摄影机的作用是为了更好地表现空间视图，通过摄影机的设置，能够让环境恰当地表现其观察角度。

在浮动面板中单击"![创建]"（创建）→"![摄影机]"（摄影机）→"| 目标 |"按钮，在顶视图中创建一架摄影机，具体参数设置如图 4-31 所示。摄影机在各个视图中的位置如图 4-32 所示。设置完摄影机后，要勾选手动剪切，并为摄影机增加一个摄影机校正的修饰器。

图 4-31 摄影机参数设置界面

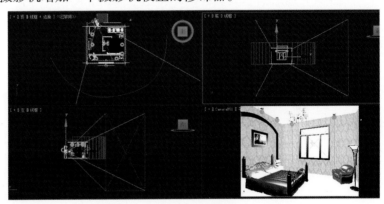

图 4-32 摄影机在各个视图中的位置

2. 灯光的设置和调整

对于室内效果图表现，灯光的效果是至关重要的，它直接影响着整个空间艺术效果，一幅好的效果图，其灯光设置也是最合理的。本节主要讲解灯光的创建和有关参数的设置。

1）在浮动面板中单击"![创建]"（创建）→"![灯光]"（灯光）按钮，单击"标准 ▼"右边的"▼"按钮，弹出下拉列表，在下拉列表中单击 VRay 命令，转到 VRay 灯光面板，在 VRay 灯光面板中单击"VR_光源"按钮，在窗口中创建一盏"VR 光源"，模拟室外的光源，颜色的 RGB 为（77，162，249），"倍增器"为 7.0，"半长度"为 1079.469mm，"半宽度"为 1110.439mm，勾选不可见，具体参数设置和位置如图 4-33 和图 4-34 所示。

2）在浮动面板中单击"![创建]"（创建）→"![灯光]"（灯光）按钮，单击"标准 ▼"右边的"▼"按钮，弹出下拉列表，在下拉列表中单击 VRay 命令，转到 VRay 灯光面板，在 VRay 灯光面板中单击"VR_光源"按钮，在顶视图中创建一盏"VR 光源"，作为场景的补光，放置在摄影机的后面，颜色的 RGB 为（237，188，136），"倍增器"为 10.0，"半长度"为 715.5mm，"半宽度"为 1462.434mm，勾选不可见选项，VRay 参数设置界面如图 4-35 所示，补光在视图中的位置如图 4-36 所示。

图 4-33 VRay 参数设置界面

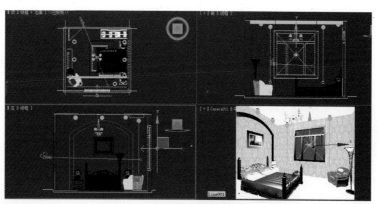

图 4-34 环境光在视图中的位置

图 4-35 VRay 参数设置界面

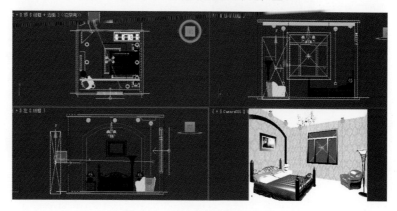

图 4-36 补光在视图中的位置

3）在浮动面板中单击"❖"（创建）→"💡"（灯光）按钮，单击"标准"右边的"▾"按钮，弹出下拉列表，在下拉列表中单击光度学命令，转到光度学灯光面板，在光度学灯光面板中单击"目标灯光"按钮，在顶视图中创建一盏"自由灯光"，阴影类型选择 VRayShadow，灯光分布选择光度学 Web，Web 类型选择经典筒灯，强度选择 cd 类型，值为 1516，过滤颜色的 RGB 值设置为（225，195，117），自由灯光按照场景中筒灯的位置进行布置，具体参数设置如图 4-37 和图 4-38 所示。

图 4-37 自由灯光的参数设置

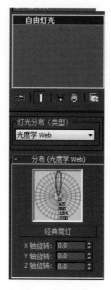

图 4-38 光域网的选择

4）在浮动面板中单击"✦"（创建）→"⬙"（灯光）按钮，单击"标准▼"右边的"▾"按钮，弹出下拉列表，在下拉列表中单击 VRay 命令，转到 VRay 灯光面板，在 VRay 灯光面板中单击"VR_光源"按钮，在顶视图中创建一盏"VR 光源"，作为吊灯的光源，放置在吊顶的灯罩里面，类型为球体，颜色的 RGB 为（237，188，136），"倍增器"为"200"，"半径"为40.0mm，勾选不可见选项；采用光度学的自由灯光创建床头台灯的灯光，选择统一球形类型，强度选择 cd 类型，值为 55，过滤颜色的 RGB 值设置为（225，195，102），具体参数设置如图 4-39和图 4-40 所示。

图 4-39 吊灯灯光的设置

图 4-40 床头柜台灯参数设置

3. 设置和调整渲染参数

1）单击菜单栏中的"渲染"，选择下拉菜单中的"渲染设置"，弹出渲染设置 VRay 对话框。该对话框主要包括公用、VR_基项、VR_间接照明、VR_设置等选项卡。

2）首先选择 VR_基项选项卡，点开 VRay 全局开关展卷栏，将缺省灯光设置为关掉，勾选替代材质，选择 VRayMtl 标准材质；再选择 VR_间接照明选项卡，勾选开启，设置首次反弹为发光贴图，二次反弹为灯光缓存，以上设置如图 4-41 和图 4-42 所示。

图 4-41 设置替代材质

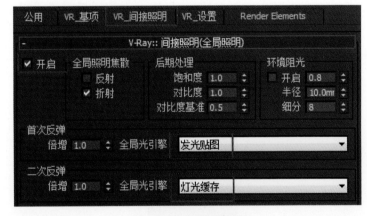

图 4-42 设置间接照明

3）设置完以上参数后，需对场景进行初次渲染测试，检查场景建模是否正确，有无漏光现象和建模错误等问题，单击"渲染"按钮，进行草图渲染。

4）渲染测试结束后，重新设置渲染参数。首先选择 VR_基项选项卡，展开 VRay 全局开关展卷栏，去掉替代材质前的"√"，展开 VRay 环境展卷栏，勾选全局照明环境（天光）覆盖前的"开"，设置倍增器为 1.0，VRay 环境设置如图 4-43 所示。

图 4-43　V-Ray 环境设置

5）选择 VR_间接照明选项卡，展开 VRay 发光贴图展卷栏，当前预设改为"非常低"，光子图使用模式设置为"单帧"，单击文件下的"浏览"，保存光子图，再同时勾选渲染结束光子图处理下的三个框，其参数设置如图 4-44 和图 4-45 所示。

图 4-44　设置发光贴图参数

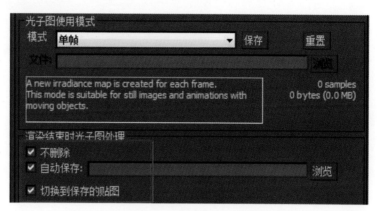

图 4-45　设置保存光子文件

6）选择 VR_间接照明选项卡，展开 VRay 灯光缓存展卷栏，"细分"设置为 150，光子图使用模式设置为"单帧"，单击文件下的"浏览"，保存光子图，再同时勾选渲染结束光子图处理下的三个框，其界面如图 4-46 所示。

7）单击 VR_设置选项卡，展开 V-RayDMC 采样器展卷栏，将"噪波阈值"改为 0.005，展开 VRay 系统展卷栏，将渲染区分割，X/Y 都设置为 32，设置 V-RayDMC 采样器界面如图 4-47 所示。

图 4-46　设置灯光缓存界面

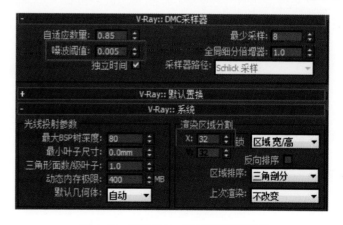

图 4-47　设置 V-RayDMC 采样器界面

8）单击公用选项卡，在输出大小的对话框中设置宽度为 640，高度为 480，然后单击"渲染"按钮，进行小图渲染。小图渲染完成后，将保存发光贴图和灯光缓存的光子贴图，为输出图像作准备。

4．渲染输出

1）单击公用选项卡，设置输出大小，宽度为 1200，高度为 900，在渲染输出中勾选保存文件，设置保存渲染图片的路径。

2）单击 VR_ 基项选项卡，点开 VRay 图像采样器（抗锯齿），设置抗锯齿过滤器的类型为"Mitchell-Netravali"。

3）选择 VR_ 间接照明选项卡，展开 VRay 发光贴图展卷栏，"当前预设"改为"中"。

4）选择 VR_ 间接照明选项卡，展开 VRay 灯光缓存展卷栏，将"细分"改为 1000。

5）选择 VR_ 设置选项卡，展开 V-RayDMC 采样器展卷栏，将"噪波阈值"改为 0.001，"最小采样"改为 16，调整 V-RayDMC 采样器属性界面如图 4-48 所示。

图 4-48　调整 V-RayDMC 采样器属性界面

6）以上参数设置完成后，点击渲染，输出渲染图片。

5．应用 Photoshop 对效果图进行后期处理

一般情况下，在 3ds Max 中渲染好的图片都要经过 Photoshop 后期处理，使效果图看起来更生动，更接近于真实效果。下面将渲染好的"会议室 1-2.jpg"效果图进行后期处理。

1）启动 Photoshop CS5 软件。

2）在菜单栏中单击"文件(F)"→"打开(O)..."命令，弹出"打开"设置对话框，具体设置如图 4-49 所示，单击"打开(O)"按钮即可将所选图片打开。

3）在菜单栏中单击"图像(I)"→"调整(A)"→"曲线(U)..."命令弹出"曲线"设置对话框，具体设置如图 4-50 所示，设置完毕单击"确定"按钮即可。

图 4-49　打开选择图片对话框

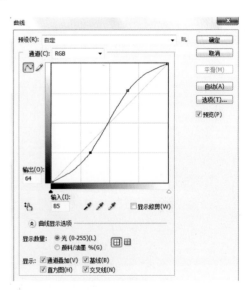

图 4-50　调整曲线

6．保存文件、输出模型和贴图

在菜单栏"⊙"下单击另存为下的归档命令，将模型文件和贴图都放在一个压缩包中。

本章小结 ◀◀

　　本章主要通过室内卧室效果图完整的制作过程来介绍如何参考 CAD 图进行室内空间建模，常见家具的合并和位置调整，如何设置场景中的材质，摄影机和场景灯光的设置，利用 Photoshop 进行后期处理等相关内容。

　　知识要点回顾：

　　1. 设置单位可以准确地进行模型的创建，通过导入 AutoCAD 图进行参考建模。

　　2. 对复杂模型进行分解创建，提高建模的速度和准确性，最后将模型组合在一起。

　　3. 合并模型后需要对模型的位置进行调整，满足场景的需要。

　　4. 设定材质的时候，重点理解漫反射、反射、高光光泽度和反射光泽度的作用。

　　5. 创建摄影机的位置，并进行合理地调整。

　　6. 分析卧室场景的灯光，按照主光源、辅助光源的类型进行布光，通过多次草图渲染测试确定灯光的参数是否达到场景的要求。

　　7. 渲染设置分为两部分，一是渲染测试，二是出图渲染。渲染测试尽量将参数调低，并通过渲染确保场景的效果达到初步要求；出图渲染要求将渲染的参数调高，达到商业效果图的标准。

　　8. 通过 Photoshop 的后期处理，让渲染出的图片在表现上更上一个层次，应用 Photoshop 主要是通过曲线、色相饱和度、亮度和对比度对场景图片进行调整。

实训练习 ◀◀

　　1. 绘制本章中所讲案例。

　　2. 制作室内卧室空间效果图一和二（图 4-51、图 4-52）。

图 4-51　室内卧室空间效果图一　　　　　　　　图 4-52　室内卧室空间效果图二

　　提示：老师可以根据学生的实际情况，对于接受能力比较强的学生，可以要求将实训练习 2 的效果图制作出来；对于基础比较薄弱、接受能力比较差的学生，可不作要求。

第 5 章　办公室效果图表现

学习目标 《《

　　了解办公空间的设计思路、制作方法和表现技术；掌握基础建模技术，VRay 灯光和光度计灯光的应用，VRay 材质和标准材质的设置，Photoshop 后期处理等相关知识。

知识要点 《《

　　导入 AutoCAD 图进行参考建模；创建室内墙体和结构；创建室内门窗；为主体模型赋予 VRay 材质；合并家具和调整位置；为家具赋予 VRay 材质；创建摄影机和修正；灯光的设置和调整；设置渲染参数和调整；设置输出效果图的渲染参数；Photoshop 后期处理。

教学课时 《《

　　一般情况下需要 14 课时，其中理论占 6 课时，实际操作占 8 课时。

　　办公空间在室内设计中占有相当重要的位置，商务写字楼、酒店等都无一离不开办公空间。由于使用功能的不同，办公空间主要分为接待区、工作区、会议区和员工休闲区等。本次案例选用了会议室区域，它是办公空间常见的一种。表现会议室空间，第一是确定视觉中心，即空间的焦点设计，通过不同角度的选择，可以体现会议室办公的特点；第二是会议室的动线和家具的配置要保证动线的顺畅感，突出空间让客户集中精力工作；第三是色调上的设计，可以与整体空间的主设计相呼应，同时应突显安静和平和。本案例会议室效果图如图 5-1 所示。

图 5-1　会议室效果图

一般会议室的模型包括对 AutoCAD 图样的充分理解，按照图样要求进行主体空间的建模。同时，根据图样的内容，合并场景中常见的模型，如会议桌、办公椅、话筒、投影机等模型。本章的讲解按照完成办公空间效果图的流程，从模型的创建，赋予模型材质到摄影机的设置，对场景进行灯光的布置和渲染输出。

任务 1　创建办公空间模型

⊙ 5.1.1　案例效果

图 5-2 是任务 1 完成模型和材质赋予后的效果。

图 5-2　完成模型和材质赋予后的效果

⊙ 5.1.2　案例制作流程（步骤）分析

办公空间模型制作流程如图 5-3 所示。

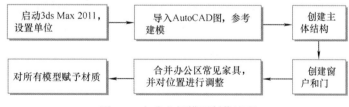

图 5-3　办公空间模型制作流程

⊙ 5.1.3　详细操作步骤

1. 设置单位

1）启动 3ds Max 2011。在桌面上双击 "⊙" 图标即可启动 3ds Max 2011，单击 "　"（开

始）→ " Autodesk 3ds Max 2011 32 位 " 项也可启动 3ds Max 2011。

2）定义单位。在工具栏中单击 " 自定义(U) " → " **单位设置(U)...** " 命令，弹出 "单位设置" 对话框，具体设置界面如图 5-4 所示，设置完毕后，单击 " 确定 " 按钮即可。

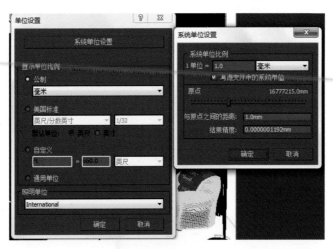

图 5-4　单位设置界面

3）保存文件名为 "会议室 .max" 的文件。

2. 导入 AutoCAD 文件

1）在菜单栏 " " 下单击 "导入" 命令，在选项中选择 " 导入 将外部文件格式导入到 3ds Max 中。 "，在弹出的对话框中选择要导入的文件，找到会议室平面图的 CAD 文件，单击 "打开" 按钮即可。

2）在对话框中勾选 " ☑焊接附近顶点(W)　焊接阈值(T): 2.54mm　☑自动平滑相邻面(A)　平滑角度(S): 15.0 "，单击 " 确定 " 按钮即可。确定后，导入 AutoCAD 图，如图 5-5 所示。

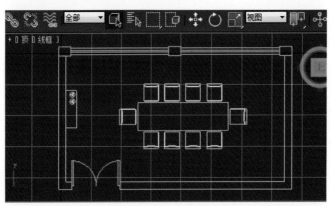

图 5-5　导入 AutoCAD 图

3. 创建主体结构

1）选择导入的图形，右键单击，在弹出的对话框中选择冻结当前选择；在工具栏上右键单击 " 2 " 按钮，在弹出的对话框中选择选项卡，勾选 "捕捉到冻结对象"；同时选择捕捉，只勾选 "顶点"。设置捕捉到冻结对象界面如图 5-6 所示，设置捕捉类型界面如图 5-7 所示。

2）单击命令面板下的 " " 按钮，选择 " " 按钮，在对象类型中选择线命令，同时去掉开始新图形前的勾。

在开始绘制线之前，将创建方法中的拖动类型和初始类型都选为 "角点"。设置线的点类型界面如图 5-8 所示。

图 5-6　设置捕捉到冻结对象界面　　　图 5-7　设置捕捉类型界面　　　图 5-8　设置线的点类型界面

3）用线命令将平面图中的墙体勾出，当提示是否合并样条曲线时，选择"是"。然后选择命令面板下的修改"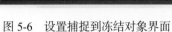"，选择修改器列表下的挤出命令，设置数量为 3500mm，挤出墙体界面如图 5-9所示。

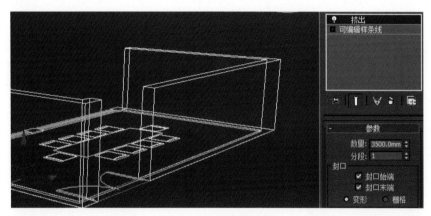

图 5-9　挤出墙体界面

4）采用同样的方法用线命令绘制地面，再用挤出命令生成地面，挤出数量为 -50mm。

5）采用同样的方法用矩形命令绘制门界石，再用挤出命令生成门界石，挤出数量为 -20mm。挤出门界石界面如图 5-10 所示。

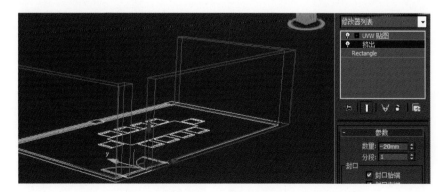

图 5-10　挤出门界石界面

6）采用同样的方法用矩形命令绘制窗台，挤出的数量为 600mm。

7）用线命令绘制吊顶轮廓，挤出的数量为 500mm，右键单击"⊹"按钮，在弹出的对话框中在偏移 Z 轴中输入 3000mm，挤出吊顶界面如图 5-11 所示。

8）根据吊顶平面图用圆命令绘制筒灯和吊顶造型的位置，其中筒灯的半径为 120mm，圆形吊顶造型的半径为 700mm，并按住【shift】键对筒灯圆和圆形吊顶造型进行复制，吊顶的造型如图 5-12 所示。

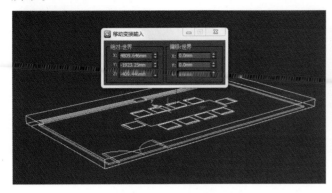

图 5-11 挤出吊顶界面

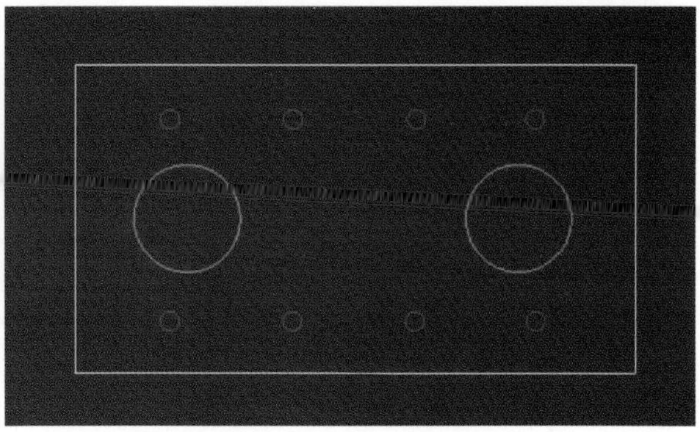

图 5-12 吊顶的造型

9）对筒灯圆挤出 80mm 高度，圆形吊顶挤出 200mm 高度；选择其中一个挤出对象，右键单击选择"~~转换为~~ ~~转换为可编辑网格~~ ~~转换为可编辑多边形~~"转换为"可编辑多边形"。在"可编辑多边形"下选择附加命令，将挤出的筒灯圆和圆形吊顶合并为一个整体。合并命令的应用界面如图 5-13 所示。

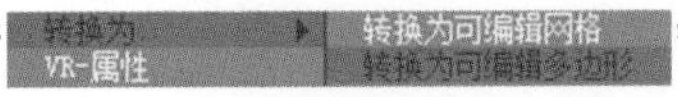

10）选择吊顶，在命令面板中"创建"下选择"几何体"中的"复合对象"，单击"拾取操作对象 B"按钮，单击合并对象进行布尔运算，如图 5-14、图 5-15 和图 5-16 所示，执行布尔命令。

图 5-13 合并命令的应用界面

图 5-14 复合对象界面

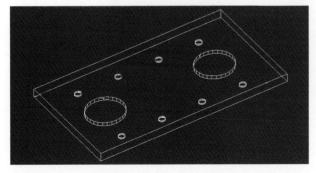

图 5-15 选择复合对象

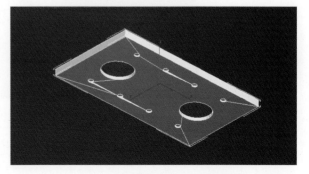

图 5-16 执行布尔命令后的效果

4. 制作门窗构件

1）制作窗框，按照立面尺寸，用矩形命令绘制窗框轮廓。先绘制外框矩形，用鼠标右键单击将矩形转化为"可编辑样条线"，在样条线命令下选择轮廓命令，值为80mm。设置样条线的轮廓界面如图5-17所示。

2）选择两条对边，在线段下执行拆分命令，输入2，其设置过程如图5-18和图5-19所示。

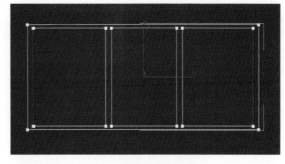

图 5-17　设置样条线的轮廓界面　　　图 5-18　拆分边的效果　　　图 5-19　设置拆分的方法

3）根据拆分创建的点，在线段下选择创建线命令，并对新创建的两条线分别向两边偏移40mm；接着删除多余的线，并对点进行焊接，拆分完成后的效果如图5-20所示。

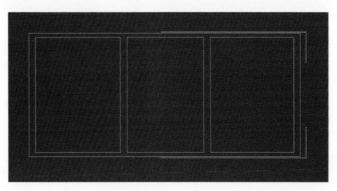

图 5-20　拆分完成后的效果

4）选择窗框造型，执行挤出命令，数量为180mm，生成窗框，挤出窗框如图5-21所示。

5）制作玻璃，根据创建的窗框用矩形命令绘制玻璃尺寸，挤出数量为12mm。绘制和挤出玻璃如图5-22所示。

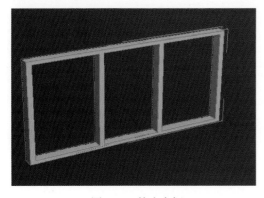
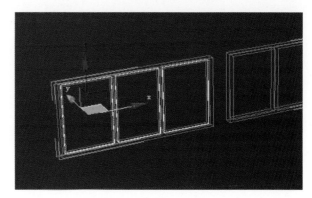

图 5-21　挤出窗框　　　　　　图 5-22　绘制和挤出玻璃

6）用"矩形"命令挤出数量1200mm，右键单击"✛"按钮，在弹出的对话框中在偏移Z轴中输入2300mm，制作门上的墙体。

5. 合并场景家具和位置调整

1）在菜单栏""下单击"导入"命令，在选项中选择"将外部文件格式导入到 3ds Max 中。"命令，在弹出的对话框中选择筒灯，单击"打开"按钮，然后在弹出的合并对话框中，选择筒灯，单击"确定"按钮即可，打开合并文件对话框界面如图 5-23 所示，合并模型的设置界面如图 5-24 所示。

图 5-23　打开合并文件对话框界面

图 5-24　合并模型的设置界面

2）导入筒灯后，按照模型的位置摆放筒灯，并对其大小用"⊞"进行缩放。设置筒灯的位置如图 5-25 所示。

3）采用同样的方法，将其他模型依次合并到场景中，并对其位置和尺寸进行适当的调整。建模完成后的效果如图 5-26 所示。

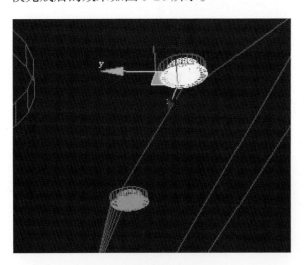

图 5-25　设置筒灯的位置

图 5-26　建模完成后的效果

6. 赋予模型材质

1）选择墙体结构，右键选择转化为可编辑多边形，选择所有的面，将 ID 号设为 1，再选择如图 5-27 所示的面，设置 ID 号为 2，如图 5-28 所示。

2）选择吊顶结构，右键选择转化为可编辑多边形，选择所有的面，将 ID 号设为 1，再选择如图 5-29 所示的面，设置 ID 号为 2。

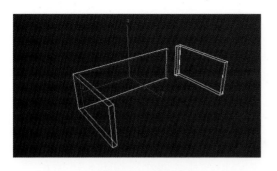

图 5-27　选择墙面

图 5-28　设置 ID 号

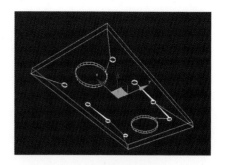

图 5-29　设置吊顶 ID 号

3）在菜单栏上单击"渲染"，在下拉菜单中选择渲染设置，在弹出的对话框中选择公用选项卡，展开指定渲染器，选择 V-Ray Adv 2.10.01 版本渲染器，如图 5-30 和图 5-31 所示。

图 5-30　更改渲染器

图 5-31　选择 VRay 渲染器

4）选择墙体和吊顶，在工具栏中单击" "（材质编辑器），弹出"材质编辑器"对话框，在该对话框中单击第 1 个示例球，将其材质示例的名字命名为"乳胶漆材质"，再单击" "（将材质指定给选定对象）。设置材质名称界面如图 5-32 所示。

5）在"材质编辑器"中单击按钮" Standard "，弹出"材质 / 贴图浏览器"对话框，在该对话框中双击" 多维/子对象"命令，弹出"替换材质"对话框，具体设置如图 5-33 所示。单击"确定"按钮，将标准材质替换为多维子材质。

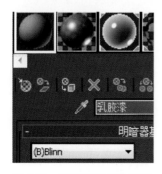

图 5-32　设置材质名称界面

图 5-33　设置替换材质

6）单击按钮" 设置数量 "，弹出"设置材质数量"对话框，如图 5-34 所示。单击按钮" 确定 "，将子材质数量设置为 2 个，多维材质界面如图 5-35 所示。

图 5-34 "设置材质数量"对话框　　　　　　　　图 5-35　多维材质界面

7）将 ID 为 1 的材质名称取为白色，ID 为 2 的材质名称取为彩色，分别单击后面的"Standard"按钮，在切换后的面板中再单击"Standard"按钮，选择 VRayMtl 材质，转化后如图 5-36 所示。

8）选择 ID 号为 1 的 VRayMtl 材质，将漫反射中的亮度改为 240 ~ 245，将"细分"8 改为 25，解开"高光光泽度"的锁，将值改为 0.3，将"反射光泽度"也改为 0.3，其设置界面如图 5-37 所示。

图 5-36　VRay 材质界面　　　　　　　　图 5-37　VRay 参数设置界面

9）单击按钮"⬆"（转到父对象），返回到多维子材质，单击 ID 号为 2 的 VRayMtl 材质，进入编辑材质的状态，将漫反射的颜色 RGB 分别改为（243，88，27），"细分"改为 25，解开"高光光泽度"的锁，将值改为 0.3，将"反射光泽度"也改为 0.3，其设置如图 5-38 所示。

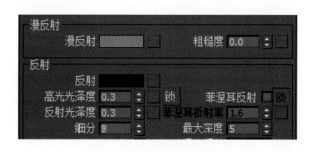

图 5-38　有色墙体材质设置

10）先选中墙体和吊顶模型，再选择刚才编辑好的材质，单击"🎛"将材质指定给选定对象，将墙体和吊顶模型赋予上 VRayMtl 材质。

11）选择地面，在工具栏中单击"🎛"（材质编辑器），弹出"材质编辑器"对话框，在该对话框中单击第 2 个示例球，将其材质示例的名字命名为"木地板材质"，再单击"🎛"（将材质指定给选定对象）。

12）单击"Standard"按钮，选择 VRayMtl 材质，把标准材质转化为 VRayMtl 材质。首先单击漫反射后的按钮"▇"，弹出"材质/贴图浏览器"对话框，在该对话框中双击按钮"▇ 位图"，弹出"选择位图图像文件"对话框，具体设置如图 5-39 所示。

13）单击反射的色块，将亮度设置为 30，同时将"反射光泽度"的值改为 0.87。具体设置如图 5-40 所示。

图 5-39　选择贴图文件

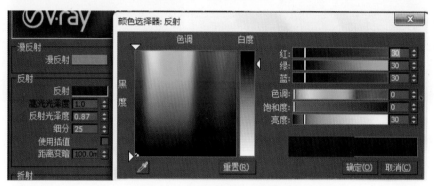

图 5-40　设置亮度和 VRay 参数

14）展开贴图展卷栏，单击凹凸后的按钮" None "，弹出"材质 / 贴图浏览器"对话框，在该对话框中双击按钮" 位图 "，弹出"选择位图图像文件"对话框，其具体设置如图 5-41 所示，同时将凹凸的强度设为 10。

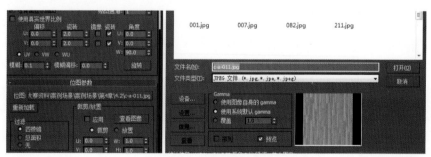

图 5-41　选择凹凸贴图

15）选择窗框，在工具栏中单击"　"（材质编辑器），弹出"材质编辑器"对话框，在该对话框中单击第 3 个示例球，将其材质示例的名字命名为"铝合金"，再单击"　"（将材质指定给选定对象）。

16）单击"Standard"按钮，选择 VRayMtl 材质，把标准材质转化为 VRayMtl 材质。首先将漫反射的颜色中的亮度改为 120 ~ 122，然后将反射的亮度改为 30；解开"高光光泽度"后的锁，将"高光光泽度"设置为 0.65，"反射光泽度"的值设置为 0.9，"细分"从 8 改为 16，其设置如图 5-42 所示。

17）选择窗户玻璃，在工具栏中单击"　"（材质编辑器），弹出"材质编辑器"对话框，在该对话框中单击第 4 个示例球，将其材质示例的名字命名为"玻璃"，再单击"　"（将材质指定给选定对象）。

18）单击"Standard"按钮，选择 VRayMtl 材质，把标准材质转化为 VRayMtl 材质。首先将漫反射的颜色 RGB 值分别改为（144，185，166），将反射中的亮度改为 20；将折射中的亮度值改为 228 ～ 230，在折射面板中勾选影响阴影，并将影响颜色改为"颜色 +alpha"，将烟雾倍增颜色的 RGB 设置为（225，238，234），将"烟雾倍增"从 1.0 改为 0.4，"折射率"改为 1.2，以上设置如图 5-43 所示。

图 5-42 设置铝合金参数

图 5-43 玻璃参数设置

19）选择挂帘，在工具栏中单击""（材质编辑器），弹出"材质编辑器"对话框，在该对话框中单击第 5 个示例球，将其材质示例的名字命名为"挂帘"，再单击""（将材质指定给选定对象）。

20）单击"Standard"按钮，选择 VRayMtl 材质，把标准材质转化为 VRayMtl 材质。首先单击漫反射后的按钮""，弹出"材质 / 贴图浏览器"对话框，在该对话框中双击按钮"位图"，弹出"选择位图图像文件"对话框，选择挂帘的贴图。然后将挂帘贴图拖动至折射后的按钮""。在折射面板中勾选影响阴影，将"烟雾倍增"值改为 0.1，"折射率"改为 1.0，"光泽度"改为 0.9；展开贴图展卷栏，单击凹凸后的按钮"None"，弹出"材质 / 贴图浏览器"对话框，在该对话框中双击按钮"位图"，弹出"选择位图图像文件"对话框，选择挂帘凹凸贴图的设置界面如图 5-44 所示。同时将凹凸的强度设为 30。该材质的参数设置如图 5-45 所示。

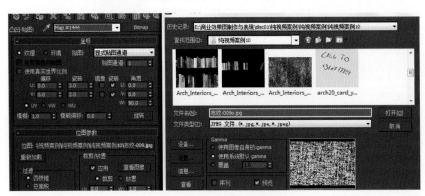

图 5-44 选择挂帘凹凸贴图的设置界面

图 5-45 设置挂帘 VRay 参数

21）选择会议桌，在工具栏中单击""（材质编辑器），弹出"材质编辑器"对话框，在该对话框中单击第 6 个示例球，将其材质示例的名字命名为"会议桌"，再单击""（将材质指定给选定对象）。

22）单击"Standard"按钮，选择 VRayMtl 材质，把标准材质转化为 VRayMtl 材质。首先单击漫反射后的按钮"██"，弹出"材质 / 贴图浏览器"对话框，在该对话框中双击按钮"██ 位图"，弹出"选择位图图像文件"对话框，选择胡桃木的贴图；然后单击反射后的按钮"██"，弹出"材质 / 贴图浏览器"对话框，在该对话框中双击"Falloff"（衰减）贴图，将"反射光泽度"改为 0.8，反射中的"细分"改为 15；打开贴图展卷栏，单击环境后的按钮"　None　"，弹出"材质 / 贴图浏览器"对话框，在该对话框中选择输出（Output）贴图，贴图通道的设置界面如图 5-46 所示。该材质的整体设置如图 5-47 所示，衰减贴图参数设置如图 5-48 所示。

图 5-46　贴图通道的设置界面

图 5-47　VRay 参数设置

图 5-48　衰减贴图参数设置

23）选择投影仪，在工具栏中单击"▣"（材质编辑器），弹出"材质编辑器"对话框，在该对话框中单击第 7 个示例球，将其材质示例的名字命名为"投影仪"，再单击"▣"（将材质指定给选定对象）。

24）单击"Standard"按钮，选择 VRayMtl 材质，把标准材质转化为 VRayMtl 材质。首先将漫反射的 RGB 统一调整为 20，反射后的 RGB 颜色统一调整为 22，单击反射后的按钮"██"，弹出"材质 / 贴图浏览器"对话框，选择衰减贴图，衰减贴图的设置参考前面的讲解。将"反射光泽度"设置为 0.65，VRay 参数设置界面如图 5-49 所示。

25）选择投影仪中的镜头，在工具栏中单击"▣"（材质编辑器），弹出"材质编辑器"对话框，在该对话框中单击第 8 个示例球，将其材质示例的名字命名为"镜头"，再单击"▣"（将材质指定给选定对象）。

26）采用"Standard"设置镜头材质，其主要参数包括："环境光"的 RGB 设置为（1，0，11）；"漫反射"的 RGB 设置为（19，12，54）；"高光级别"设置为 74，"光泽度"设置为 53；"不透明度"设置为 45；展开贴图展卷栏，在反射通道里增加一个衰减贴图，反射强度设置为 35。镜头材质设置界面如图 5-50 所示。

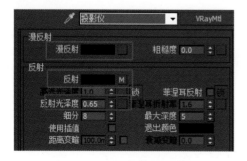

图 5-49　VRay 参数设置界面

图 5-50　镜头材质设置界面

27）选择时钟，在工具栏中单击"🔲"（材质编辑器），弹出"材质编辑器"对话框，在该对话框中单击第9～12个示例球，分别将其材质示例的名字命名为"黑色指针"、"红色指针"、"钟面"、"钟壳"，再单击"🔲"（将材质指定给选定对象）。

28）单击"Standard"按钮，选择VRayMtl材质，把标准材质转化为VRayMtl材质。首先是黑色指针材质的设定，"漫反射"的RGB统一设置为0，"反射"的RGB统一设置为30，"反射光泽度"设置为0.85，"细分"设置为4，如图5-51所示；红色指针的材质设定"漫反射"的RGB改为（168，0，0），其余的参数同黑色指针一样，具体的参数设置如图5 52所示。

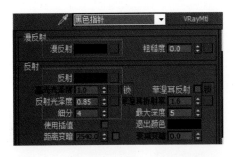 

图 5-51　黑色指针 VRay 参数设置　　　　图 5-52　红色指针 VRay 参数设置

29）钟面材质的设定，将"漫反射"的RGB统一调整为247；钟壳材质的设定"漫反射"的颜色RGB统一调整为129～130，"反射"的RGB统一调整为80，"反射光泽度"设置为0.85，"细分"设置为4，具体参数设置如图5-53所示。

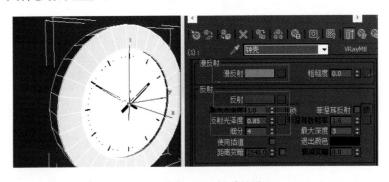

图 5-53　钟壳 VRay 材质的设置

30）其余物体的材质按照相似的方法进行设置。

通过以上讲解，应熟悉如何导入 AutoCAD 图样在 3ds Max 中进行参考建模，主体结构和门窗的创建，如何将各种模型合并到室内场景中，通过对 VRay 和 3ds Max 标准材质的应用，分析各种不同的物体如何正确地赋予材质。

任务2　设定办公空间的观察角度、灯光和渲染处理

▶ 5.2.1　案例效果

图 5-54 是完成后的渲染效果。

图 5-54 渲染效果

5.2.2 案例制作流程（步骤）分析

办公空间的观察角度、灯光和渲染处理流程如图 5-55 所示。

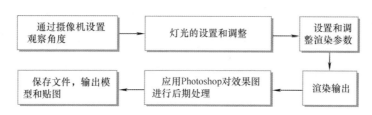

图 5-55 办公空间的观察角度、灯光和渲染处理流程

5.2.3 详细操作步骤

1. 通过摄影机设置观察角度

设置摄影机的作用是为了更好地表现空间视图，通过摄影机的设置，让环境能够恰当地表现其观察角度。

1）在浮动面板中单击"　"（创建）→"　"（摄影机）→按钮"　目标　"，在顶视图中创建一架摄影机 1，具体参数设置如图 5-56 所示。摄影机在各个视图中的位置如图 5-57 所示。设置完摄影机后，要勾选手动剪切，并为摄影机增加一个摄影机校正的修饰器。

2）在浮动面板中单击"　"（创建）→"　"（摄影机）→按钮"　目标　"，在顶视图中创建一架摄影机 2，具体参数设置如图 5-58 所示。摄影机在各个视图中的位置如图 5-59 所示。设置完摄影机后，为摄影机增加一个摄影机校正的修饰器。

图 5-56　摄影机 1 参数设置

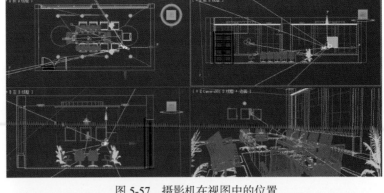

图 5-57　摄影机在视图中的位置

图 5-58　摄影机 2 参数设置

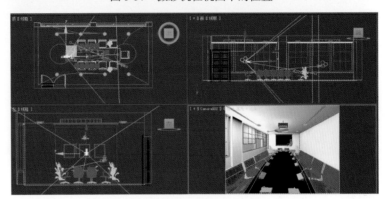

图 5-59　摄影机在视图中的位置

2. 灯光的设置和调整

对于室内效果图表现，灯光的效果是至关重要的，它直接影响着整个空间艺术效果，一幅好的效果图，其灯光设置也是最合理的。本节主要讲解灯光的创建和有关参数的设置。

1）在浮动面板中单击"　"（创建）→"　"（灯光）按钮，单击"标准　▼"右边的"▼"按钮，弹出下拉列表，在下拉列表中单击 VRay 命令，转到 VRay 灯光面板，在 VRay 灯光面板中单击"　VR_光源　"按钮，在顶视图中创建一盏"VR 光源"，颜色的 RGB 为（206，214，218），"倍增器"为 5.0，具体参数设置如图 5-60 和图 5-61 所示。

图 5-60　VRay 灯光参数设置 1

图 5-61　VRay 灯光参数设置 2

2）设置此 VRay 灯光是模拟室外的环境光（冷光），环境光的效果（冷光）如图 5-62 所示。

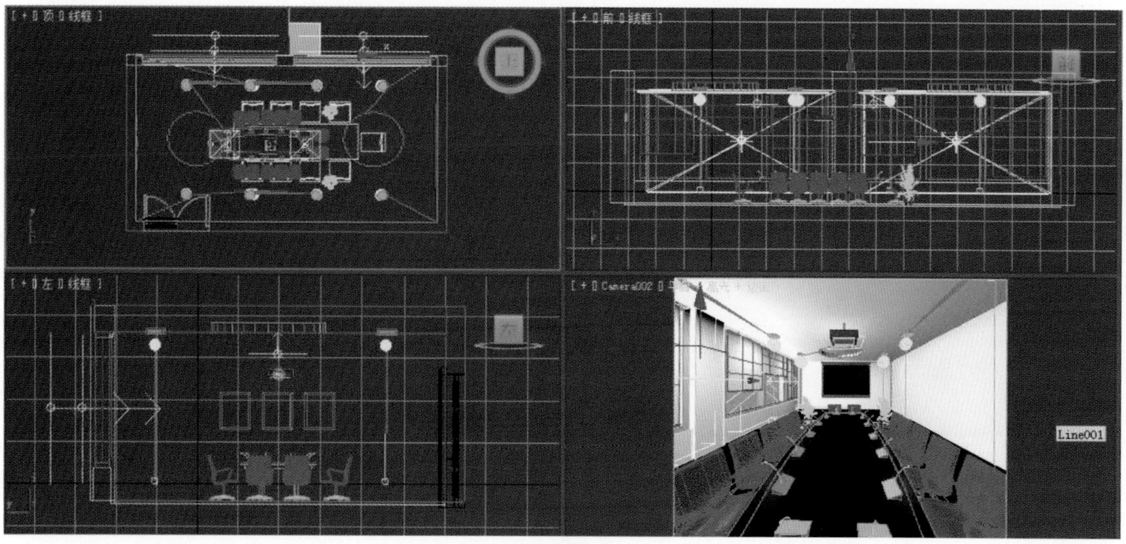

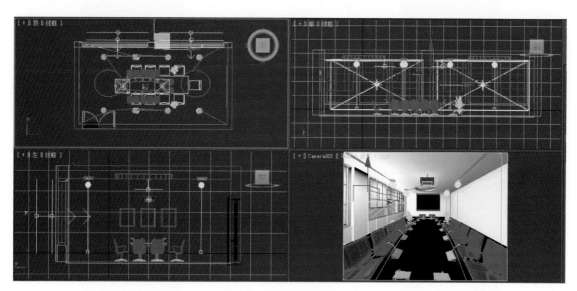

图 5-62　环境光的效果（冷光）

3）在浮动面板中单击"　"（创建）→"　"（灯光）按钮，单击"标准　▼"右边的"▼"按钮，弹出下拉列表，在下拉列表中单击 VRay 命令，转到 VRay 灯光面板，在 VRay 灯光面板中单击"VR_光源"按钮，在顶视图中创建一盏"VR 光源"，颜色的 RGB 为（255，245，230），"倍增器"为 10.0。

4）设置此 VRay 灯光是模拟室外的环境光（暖光），环境光的效果（暖光）如图 5-63 所示。

图 5-63　环境光的效果（暖光）

5）在浮动面板中单击"　"（创建）→"　"（灯光）按钮，单击"标准　▼"右边的"▼"按钮，弹出下拉列表，在下拉列表中单击 VRay 命令，转到 VRay 灯光面板，在 VRay 灯光面板中单击"VR_光源"按钮，在顶视图中创建一盏"VR 光源"，颜色的 RGB 为（254，240，230），"倍增器"为 0.5。

6）设置此 VRay 灯光是模拟室内吊顶的主光源（暖光），室内主光源的位置如图 5-64 所示。

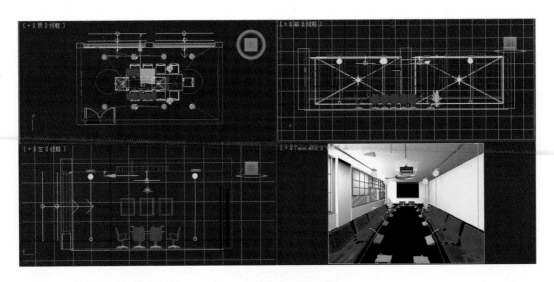

图 5-64　室内主光源的位置

7）在浮动面板中单击"⬡"（创建）→"🛋"（灯光）按钮，单击"标准 ▾"右边的"▾"按钮，弹出下拉列表，在下拉列表中单击光度学命令，转到光度学灯光面板，在光度学灯光面板中单击"目标灯光"按钮，在顶视图中创建一盏"目标灯光"，阴影类型选择"VRayShadow"，灯光分布选择"光度学 Web"，强度选择 cd 类型，值为 34000，具体参数设置如图 5-65 和图 5-66 所示。

图 5-65　目标灯光参数设置 1

图 5-66　目标灯光参数设置 2

8）选择"光度学 Web"类型后，需要单击"选择光度学文件"，在弹出的打开光域网文件的对话框中，选择"中间亮 .IES"文件，如图 5-67 和图 5-68 所示。

9）设置此目标灯光是模拟吊顶中射灯的照射效果，是室内场景的补充光源，按照吊顶的射灯位置，共需设置 8 盏目标灯光，具体位置如图 5-69 所示。

图 5-67 设置选择光度学

图 5-68 在对话框中选择光域网

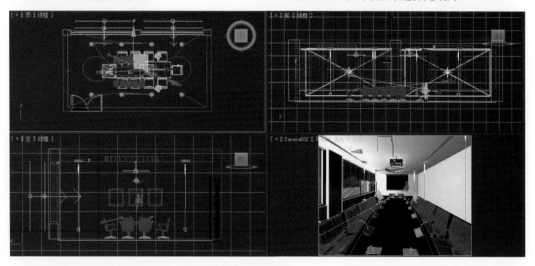

图 5-69 目标灯光的位置

3. 设置和调整渲染参数

1）单击菜单栏中的"渲染"，选择下拉菜单中的"渲染设置"，弹出渲染设置 VRay 对话框。该对话框主要包括公用、VR_基项、VR_间接照明、VR_设置等选项卡。

2）首先选择 VR_基项选项卡，展开 VRay 全局开关展卷栏，将缺省灯光设置为关掉，勾选"替代材质"，选择 VRayMtl 标准材质；再选择 VR_间接照明选项卡，勾选"开启"，设置首次反弹为发光贴图，二次反弹为灯光缓存，以上设置如图 5-70 和图 5-71 所示。

图 5-70 设置替代材质

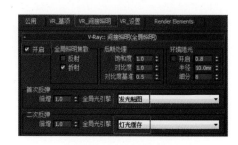

图 5-71 设置间接照明

3）设置完以上参数后，需对场景进行初次渲染测试，检查场景建模是否正确，有无漏光现象和建模错误等问题，单击"渲染"按钮，进行草图渲染。

4）渲染测试结束后，重新设置渲染参数。首先选择 VR_基项选项卡，展开 VRay 全局开关展卷栏，去掉替代材质前的"√"，展开 VRay 环境展卷栏，勾选"全局照明环境（天光）覆盖"前的"开"，设置"倍增器"为 1.0，如图 5-72 所示。

图 5-72　VRay 环境设置

5）选择 VR_间接照明选项卡，展开 VRay 发光贴图展卷栏，"当前预置"改为"非常低"，设置发光贴图参数如图 5-73 所示。"光子图使用模式"设置为"单帧"，单击文件后的"浏览"，保存光子图，同时勾选"渲染结束时光子图处理"下的三个框，如图 5-74 所示。

图 5-73　设置发光贴图参数

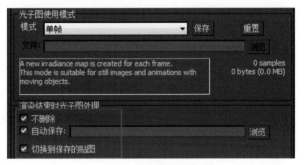

图 5-74　设置保存光子文件

6）选择 VR_间接照明选项卡，展开 VRay 灯光缓存展卷栏，"细分"设置为 150，"光子图使用模式"设置为"单帧"，单击文件后的"浏览"，保存光子图，同时勾选"渲染结束时光子图处理"下的三个框，如图 5-75 所示。

7）单击 VR_设置选项卡，展开 V-RayDMC 采样器展卷栏，将"噪波阈值"改为 0.005，展开 VRay 系统展卷栏，将"渲染区域分割"中的 X/Y 都设置为 32，如图 5-76 所示。

图 5-75　设置灯光缓存

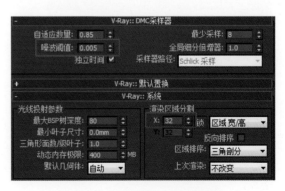

图 5-76　设置 VRayDMC 采样器

8）单击公用选项卡，在输出大小的对话框中设置宽度为640，高度为480，然后单击"渲染"按钮，进行小图渲染。小图渲染完成后，将保存发光贴图和灯光缓存的光子贴图，为输出图像作准备。

4. 渲染输出

1）单击公用选项卡，设置输出大小宽度为1200，高度为900，在"渲染输出"中勾选"保存文件"，设置保存渲染图片的路径，如图5-77所示。

2）单击VR_基项选项卡，打开VRay图像采样器（抗锯齿），设置抗锯齿过滤器的类型为"Mitchell-Netravali"。

3）选择VR_间接照明选项卡，展开VRay发光贴图展卷栏，"当前预置"改为"高"。

4）选择VR_间接照明选项卡，展开VRay灯光缓存展卷栏，将"细分"改为1500。

5）选择VR_设置选项卡，展开VRayDMC采样器展卷栏，将"噪波阈值"改为0.001，"最少采样"改为16，如图5-78所示。

图5-77 设置渲染后文件的保存路径

图5-78 调整V-RayDMC采样器属性

6）以上参数设置完成后，单击渲染，输出渲染图片，如图5-79和图5-80所示。

图5-79 渲染效果一

图5-80 渲染效果二

5. 应用Photoshop对效果图进行后期处理

一般情况下，在3ds Max中渲染好的图片都要经过Photoshop后期处理，使效果图看起来更生动，更接近于真实效果。下面将渲染好的会议室效果图进行后期处理。

1）启动Photoshop CS5软件。

2）在菜单栏中单击"文件(F)"→"打开(O)…"命令，弹出"打开"对话框，具体设置如图5-81所示，单击"打开(O)"按钮即可将所选图片打开。

3）在菜单栏中单击"图像(I)"→"调整(A)"→"曲线(U)…"命令弹出"曲线"设置对话框，具体设置如图5-82所示，设置完毕单击"确定"按钮即可。

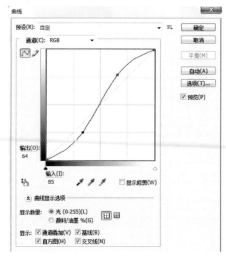

图 5-81　打开选择图片对话框　　　　　　　　　　图 5-82　调整曲线

6. 保存文件、输出模型和贴图

在菜单栏"⊙"下单击"另存为"下的归档命令，将模型文件和贴图都放在一个压缩包中，如图 5-83 所示。

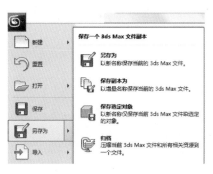

图 5-83　打开归档设置

本章小结 ≪

本章主要通过办公室效果图完整的制作过程来介绍如何参考 CAD 图进行办公空间的建模，常见家具的合并和位置调整，如何设置场景中的材质，摄影机和场景灯光的设置，利用 Photoshop 进行后期处理等相关内容。

知识要点回顾：

1. 充分理解办公空间的 CAD 图，通过导入 AutoCAD 图进行参考建模。

2. 办公空间的建模重点关注天棚、墙面和地面的特殊造型的制作方法。

3. 合并家具模型后需要对模型的位置进行调整，满足场景的需要。

4. 设定材质的时候，重点掌握不同的材质可以用 VRayMtl 和标准材质进行分别设置，理解参数与物体本身特征的关系，如纹理、凹凸、高光与反射，折射与透明之间的关系。

5. 创建和调整摄影机的位置，重点突出办公环境的特点。

6. 分析办公空间场景的灯光，按照主光源、辅助光源的类型进行布光，通过多次草图渲染测试确定灯光的参数是否达到场景的要求。

7. 渲染设置分为两部分，一是渲染测试，二是出图渲染。渲染测试尽量将参数调低，并通过渲染确保场景的效果达到初步要求；出图渲染要求将渲染的参数调高，达到商业效果图的标准。

8. 通过 Photoshop 的后期处理，让渲染出的图片在表现上更上一个层次，应用 Photoshop主要是通过曲线、色相饱和度、亮度和对比度对场景图片进行调整。

实训练习 《

1. 绘制本章中所讲案例。
2. 制作办公空间效果图一、二（图 5-84、图 5-85）。

图 5-84　办公空间效果图一 　　　　　　　　　　　　图 5-85　办公空间效果图二

提示：老师可以根据学生的实际情况，对于接受能力比较强的学生，可以要求将实训练习 2 的效果图制作出来；对于基础比较薄弱、接受能力比较差的学生，可不作要求。

第6章 室外效果图表现

学习目标 《《

了解室外场景的设计思路、制作方法和表现技术；掌握室外建筑的建模技术，VRay 灯光的应用，VRay 材质和标准材质的设置，Photoshop 后期处理等相关知识。

知识要点 《《

创建室外场景的主要模型；创建和修改植物模型；合并家具和调整位置；为主体模型和家具赋予 VRay 材质；为植物模型赋予 VRay 材质；创建摄影机和修正；白天灯光的设置和调整；设置白天渲染参数和调整；夜晚灯光的设置和调整；设置夜晚渲染参数和调整；分别设置输出效果图（白天和夜晚）的渲染参数；Photoshop 后期处理。

教学课时 《《

一般情况下需要 14 课时，其中理论占 6 课时，实际操作占 8 课时。

室外建筑和环境设计与现代人的生活息息相关，无论是大型的体育馆、影剧院或商业中心建筑，还是特色酒店、学校、医院或成片的住宅小区，这些建筑都以它们独特的方式与环境共同发展。由于建筑的类型和表现重点不同，室外效果图表现主要分为主体建筑设计表现和环境景观设计表现。本次案例选用东南亚度假酒店外环境设计，其体现出现代自然的气息，是室外环境中建筑与自然的和谐共存。表现室外环境，第一是确定视觉中心，即空间的焦点设计，通过合理的角度选择，可以体现建筑与环境完美结合、相得益彰的效果；第二是场景中气氛的体现，白天、黄昏和夜晚对于同一建筑和环境可以有不同的表达方式；第三是细节设计，可以让建筑与环境设计相呼应，同时体现出各自的特色。本案例效果如图 6-1 所示。

室外场景的模型包括对建筑造型和建筑与环境关系的充分理解，按照图样设计要求进行主体空间的建模。同时，根据图样设计的内容，创建室外常见的环境元素，包括植物、山水、天空、小品等模型。本章的讲解按照完成室外场景效果图的制作流程，从模型的创建，赋予模型材质到摄影机的设置，对场景进行灯光的布置和渲染输出。

图 6-1 室外场景白天效果

任务 1 创建室外场景模型

6.1.1 案例效果

图 6-2 是任务 1 完成模型和材质赋予后的效果。

图 6-2 完成模型和材质赋予后的效果

6.1.2 案例制作流程（步骤）分析

室外场景模型制作流程如图 6-3 所示。

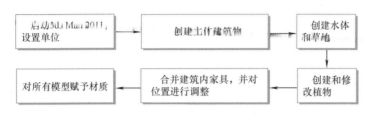

图 6-3 室外场景模型制作流程

6.1.3 详细操作步骤

1. 设置单位

1）启动 3ds Max 2011。在桌面上双击"⑤"图标即可启动 3ds Max 2011，单击"⊞"（开始）→"⑤ Autodesk 3ds Max 2011 32 位"项也可启动 3ds Max 2011。

2）定义单位。在工具栏中单击"自定义(U)"→"单位设置(U)..."命令，弹出"单位设置"对话框，具体设置如图 6-4 所示。设置完毕后，单击按钮"确定"即可。

图 6-4 单位设置

3）保存文件名为"度假村室外 .max"的文件。

2. 创建现代建筑主体

1）在命令面板下选择创建"✦"下的几何体"◯"，选择标准几何体，创建一个长方体，其参数为：长度 8200mm，宽度 1000mm，高度 1000mm。

2）选择长方体，按住【shift】键，用"✛"工具进行拖动，拖动距离为 4500mm，选择实体复制模式，设置副本数为 3 对长方体进行复制，如图 6-5 所示。

3）选择两端的长方体，按照上面的方法实体复制出 3 个长方体，长方体之间的间距为 3000mm，如图 6-6 所示。

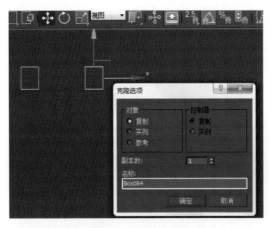

图 6-5 复制长方体

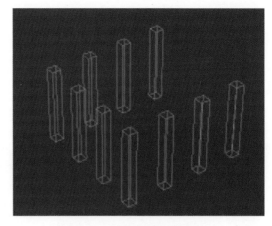

图 6-6 对长方体进行扩展

4）创建长方体柱上面的横梁、中部的横梁、背后的墙面和建筑的地面，建筑主体结构模型如图 6-7 所示。

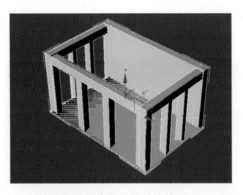

图 6-7 建筑主体结构模型

5）在命令面板下选择按钮"　　　　　"，单击选择按钮"　　"，在对象类型中选择矩形命令，绘制一个长度为 12000mm，宽度为 12000mm 的矩形；再选择命令面板下的修改"　　"，选择修改器列表下的挤出命令，设置数量为 400mm，生成建筑屋顶；然后再创建一个长方体，长度为 8000mm，宽度为 4500mm，高度为 1200mm，生成建筑顶部设备间，建筑屋顶的造型展示如图 6-8 所示。

6）按照第 5 章制作窗框和玻璃模型的方法对照该建筑的外围护的中空结构，制作对应的窗户，并采用"　　"工具将窗户移动到柱子间的中空部位，如图 6-9 所示。

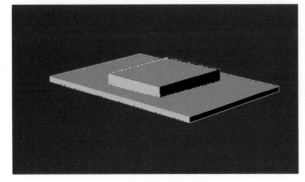

图 6-8 建筑屋顶的造型展示

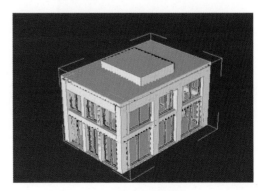

图 6-9 建筑窗户的创建

7）制作拉索和雨篷，首先采用几何体下的球体和图形下的直线创建拉索，直线在修改器 "⌀" 下展开渲染展卷栏，勾选 "在渲染中启用" 和 "在视口中启用"，并设置 "厚度" 为 40mm，如图 6-10 所示。雨篷采用图形下的矩形命令和挤出修改器创建，其中矩形的尺寸为长度 1800mm，宽度 12000mm，挤出的数量为 300mm，如图 6-11 所示。

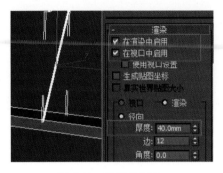
图 6-10　拉索的创建

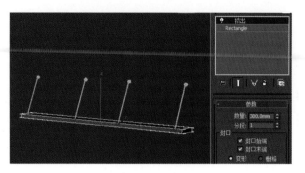
图 6-11　雨篷的创建

8）现代建筑创建完成后，按下快捷键【Ctrl+A】全选所有的对象，在菜单栏下选择 "组" 下的 "成组" 命令，在弹出的对话框中输入组名，如图 6-12 所示。

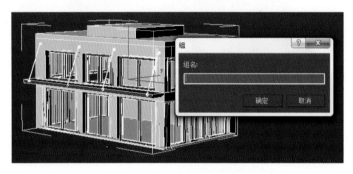
图 6-12　对建筑进行成组

3. 创建特色建筑和平台及栏杆

1）在命令面板下选择创建 "⚙" 下的几何体 "◎"，选择标准几何体，创建一个长方体作为特色建筑的柱子，其参数为：长度 1200mm，宽度 1000mm，高度 3500mm。选择该长方体按住【shift】键复制一个，距离为 6500mm；然后选择两个长方体，按住【shift】键进行移动复制，距离为 11000mm，如图 6-13 和图 6-14 所示。

图 6-13　创建特色建筑的柱子

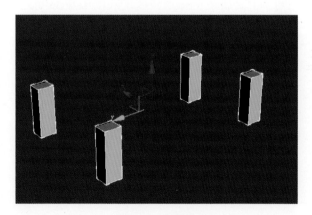
图 6-14　复制柱子

2）在命令面板下选择创建"⚙"下的几何体"◯"，选择标准几何体，创建一个长方体作为支撑板结构，其参数为：长度19000mm，宽度9000mm，高度300mm。然后再创建一个长方体作为屋顶，其参数为：长度22000mm，宽度10300mm，高度8200mm，再选择命令面板下的修改"☑"，选择修改器列表下的 Taper 命令，设置锥化数量为 −0.75，如图 6-15 和图 6-16 所示。

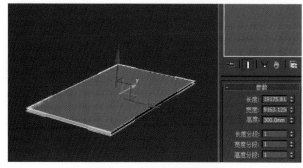

图 6-15　创建支撑板结构

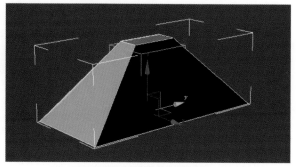

图 6-16　创建物体造型

3）单击菜单栏中"组"，在下拉菜单中选择"成组"命令，将特色建筑组合在一起，如图 6-17 所示。

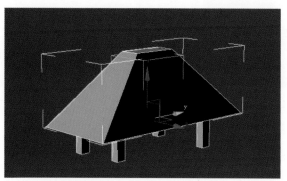

图 6-17　特色建筑的造型展示

4）单击命令面板下的按钮"⚙☑⬛◉▣↗"，选择按钮"⟳"，在对象类型中选择线命令，绘制如图 6-18 所示的造型，然后再选择命令面板下的修改"☑"，选择修改器列表下的"挤出"命令，挤出的数量为 200mm，如图 6-19 所示。

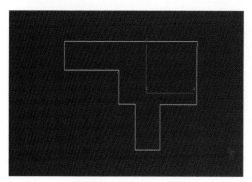

图 6-18　创建平台造型

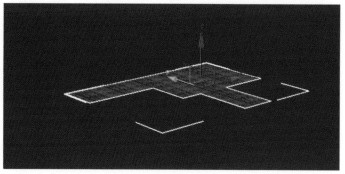

图 6-19　挤出平台造型

5）采用样条曲线的编辑创建平台栏杆，包括偏移命令和挤出命令的应用，如图 6-20 所示。

6）在命令面板下选择创建"⚙"下的几何体"◯"，选择标准几何体，创建一个平面作为水面，平面长度为 280000mm，宽度为 320000mm；再单击命令面板下的按钮"⚙☑⬛◉▣↗"，选择按钮"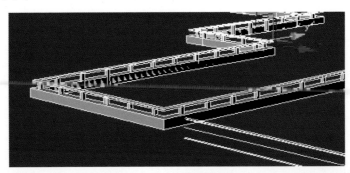"，在对象类型中选择弧命令，在顶视图中绘制一条弧线，并选择命令面板下的修改""，选择修改器列表下的"挤出"命令，挤出的高度为 52000mm，把此模型作为场景的背景，如图 6-21 和图 6-22 所示。

图 6-20　平台栏杆的创建

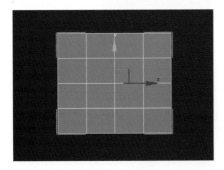

图 6-21　创建水面

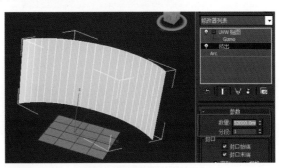

图 6-22　创建场景背景

4. 创建草地模型和植物

1）在命令面板下选择按钮"　　　　　"，单击选择按钮"　"，在对象类型中选择直线命令，采用平滑点的方式绘制两块草地，然后选择命令面板下的修改""，选择修改器列表下的"挤出"命令，挤出的高度为 600mm，如图 6-23 和图 6-24 所示。

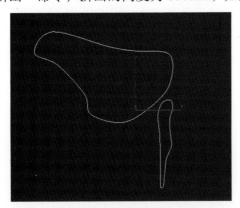

图 6-23　创建草地曲线

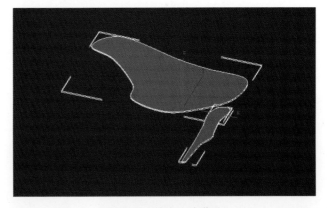

图 6-24　挤出生成草地

2）在命令面板中选择创建"　"下的几何体"　"，选择"AEC 扩展"，单击"植物"按钮，在植物中选择"一般的棕榈"，在任意视图中单击创建一棵棕榈树，如图 6-25 所示。

3）选择棕榈树后，再选择命令面板中的修改""，对棕榈树的参数进行修改。为了保证树的材质制作正确，每棵植物需要两个相同的模型，一个在参数中勾选树干、树枝和根，一个在参数中勾选树叶、果实和花，在主工具栏中单击对齐命令"　"，将两个树模型完全对齐在一起，如图 6-26 和图 6-27 所示。

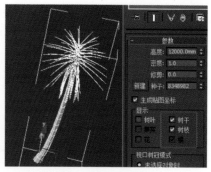

图 6-25　创建植物　　　　　　　　图 6-26　棕榈树的模型一　　　　　图 6-27　棕榈树的模型二

4）根据构图的需要，在场景中多复制几棵棕榈树，并选择命令面板中的修改"　"，对棕榈树的参数进行修改，如图 6-28 所示。

5）在中心草地创建一棵孟加拉菩提树，并选择命令面板中的修改"　"，对孟加拉菩提树的参数进行修改；再创建大丝兰，并按住【shift】键进行复制，随机进行摆放，最后的植物群造型如图 6-29 所示。

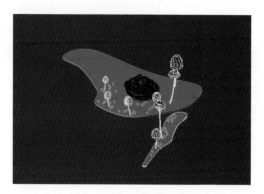

图 6-28　创建多个棕榈树　　　　　　　　　　　　图 6-29　植物群造型

5. 合并场景家具和位置调整

1）在菜单栏"　"下单击导入命令，在选项中选择"　 合并 将 3ds Max 外部文件的对象插入到当前场景"命令，在弹出的对话框中选择家具组，单击"打开"按钮，然后在弹出的合并对话框中选择家具组，单击按钮"　确定　"即可，合并模型的设置如图 6-30 所示。

2）导入家具后，按照模型的位置摆放进现代建筑和特色建筑中，并对其大小用"　"进行缩放。设置家具的位置如图 6-31 所示。

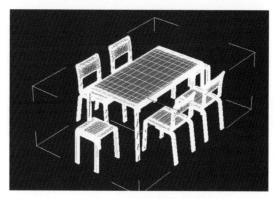

图 6-30　合并模型的设置　　　　　　　　　　图 6-31　设置家具的位置

3）采用同样的方法，将其他模型依次合并到场景中，并对其位置和尺寸进行适当的调整，建模完成后的效果如图 6-32 所示。

图 6-32　建模完成后的效果

6. 赋予模型材质

1）在菜单栏上单击渲染，在下拉菜单中选择"渲染设置"，在弹出的对话框中选择公用选项卡，展开指定渲染器，选择 V-Ray Adv 2.10.01 版本渲染器，以上操作步骤如图 6-33 和图 6-34 所示。

图 6-33　更改渲染器　　　　　　　　　　图 6-34　选择 VRay 渲染器

2）选择水面，在工具栏中单击 "（材质编辑器），弹出 "材质编辑器" 对话框，在该对话框中单击第 1 个示例球，将其材质示例的名字命名为 "water"，再单击 "（将材质指定给选定对象）。设置材质名称界面如图 6-35 所示。

在 "材质编辑器" 中单击按钮 " Standard "，弹出 "材质 / 贴图浏览器" 对话框，在该对话框中双击 "VRayMtl 材质"，转化后的界面如图 6-36 所示。

3）在 VRayMtl 材质中，将反射后的颜色的 RGB 统一改为 193，并勾选 "菲涅耳反射"；将折射后的颜色的 RGB 统一改为 255，勾选 "影响阴影" 选项，将 "折射率" 改为 1.333，将 "烟雾颜色" 的 RGB 改为（250，252，255），并将 "烟雾倍增" 改为 0.2，如图 6-37 和图 6-38 所示。

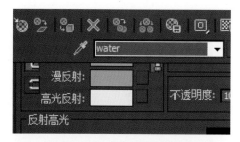

图 6-35　设置材质名称界面

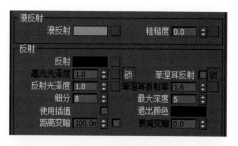

图 6-36　VRay 材质界面

图 6-37　水的反射区域设置

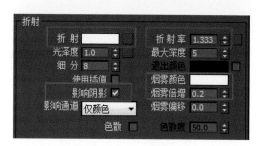

图 6-38　水的折射区域设置

4）展开贴图展卷栏，在凹凸通道里增加一个噪波贴图，在"噪波参数"中设置类型为"分形"，大小为 20，凹凸通道后面的数值为 30，如图 6-39 所示。

5）先选中水面的造型，再选择刚才编辑好的材质，单击""（将材质指定给选定对象）按钮，将水面模型赋予上 VRayMtl 材质。

6）选择平台地面，在工具栏中单击""（材质编辑器），弹出"材质编辑器"对话框，在该对话框中单击第 2 个示例球，将其材质示例的名字命名为"平台"，再单击""（将材质指定给选定对象）。

7）单击"Standard"按钮，选择 VRayMtl 材质，把标准材质转化为 VRayMtl 材质。首先单击漫反射后的按钮""，弹出"材质 / 贴图浏览器"对话框，在该对话框中双击按钮"位图"，弹出"选择位图图像文件"对话框，具体设置如图 6-40 所示。

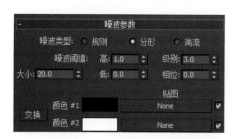

图 6-39　噪波参数的设置

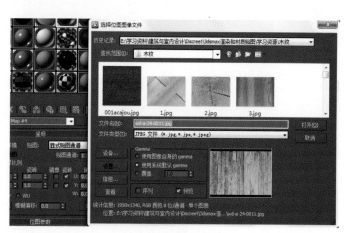

图 6-40　选择贴图文件

8）单击反射后的色块，将其 RGB 统一改为 29，解开"高光光泽度"后面的锁，将"高光光泽度"的值改为 0.54，"反射光泽度"的值改为 0.65，将"细分"值改为 10；然后展开贴图展卷栏，将漫反射后的贴图关联复制到凹凸通道中，如图 6-41 和图 6-42 所示。

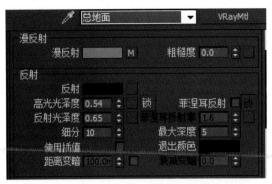

图 6-41 平台的参数设置

图 6-42 平台贴图在通道中的应用

9）选择平台栏杆，在工具栏中单击""（材质编辑器），弹出"材质编辑器"对话框，在该对话框中单击第 3 个示例球，将其材质示例的名字命名为"木质 1"，再单击""（将材质指定给选定对象）。

10）单击"Standard"按钮，选择 VRayMtl 材质，把标准材质转化为 VRayMtl 材质。首先单击漫反射后的按钮""，弹出"材质/贴图浏览器"对话框，在该对话框中双击按钮"位图"，在弹出的对话框中选择一张木纹贴图，然后将反射的亮度改为 30；解开"高光光泽度"后的锁，将"高光光泽度"设置为 0.65，"反射光泽度"的值设置为 0.75，"细分"从 8 改为 10，设置如图 6-43 和图 6-44 所示。

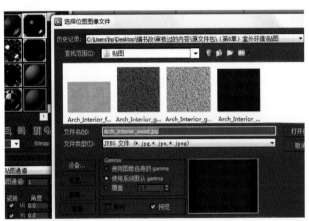

图 6-43 选择木纹贴图

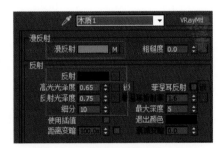

图 6-44 栏杆材质参数的设置

11）单击展开贴图展卷栏，将漫反射通道的贴图关联复制到凹凸通道中，将凹凸通道后面的数值改为 10。

12）采用相同的方法制作特色建筑的柱子，贴图需要另外选择一张，如图 6-45 所示。

图 6-45 特色柱子的贴图

13）选择特色建筑的屋顶，在工具栏中单击""（材质编辑器），弹出"材质编辑器"对话框，在该对话框中单击第4个示例球，将其材质示例的名字命名为"屋顶"，再单击"🔲"（将材质指定给选定对象）。

14）单击"Standard"按钮，选择 VRayMtl 材质，把标准材质转化为 VRayMtl 材质。首先单击漫反射后的按钮"▇"，弹出"材质/贴图浏览器"对话框，在该对话框中双击按钮"▇位图"，在弹出的对话框中选择一张砖石贴图，然后将反射的亮度改为12；将"反射光泽度"的值设置为0.6，设置如图6-46和图6-47所示。

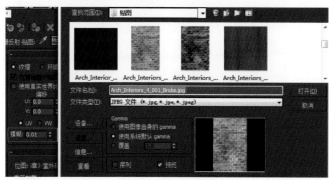

图 6-46　选择砖石贴图

图 6-47　屋顶材质参数的设置

15）展开贴图展卷栏，在凹凸通道中增加一张该砖石贴图的灰度贴图，并将凹凸通道后面的数值改为35，如图6-48所示。

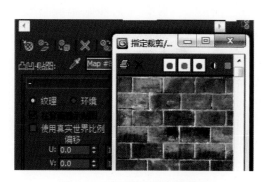

图 6-48　砖石贴图的灰度模式

16）选择现代建筑的窗户玻璃，在工具栏中单击"🔲"（材质编辑器），弹出"材质编辑器"对话框，在该对话框中单击第5个示例球，将其材质示例的名字命名为"玻璃"，再单击"🔲"（将材质指定给选定对象）。

17）单击"Standard"按钮，选择 VRayMtl 材质，把标准材质转化为 VRayMtl 材质。首先将漫反射的颜色 RGB 值改为（127，185，188），将反射中的亮度改为40；将折射中的亮度值改为252～255，在折射面板中勾选"影响阴影"，并将影响颜色改为"颜色+alpha"，将烟雾倍增颜色的 RGB 设置为（245，252，255），将"烟雾倍增"从1.0改为0.2，折射率改为1.6，以上设置如图6-49所示。

18）选择现代建筑的拉索，在工具栏中单击"🔲"（材质编辑器），弹出"材质编辑器"对话框，在该对话框中单击第6个示例球，将其材质示例的名字命名为"金属"，再单击"🔲"（将材质指定给选定对象）。

19）单击"Standard"按钮，选择 VRayMtl 材质，把标准材质转化为 VRayMtl 材质。首先将漫反射后面的 RGB 值统一调整为 18，将反射中的亮度改为 168，解开"高光光泽度"后面的锁，将"高光光泽度"的值改为 0.75，"细分"从 8 改为 16，金属材质的参数设置如图 6-50 所示。

图 6-49　玻璃材质的参数设置

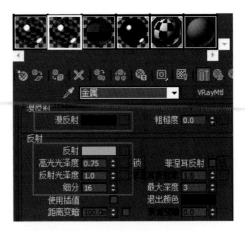

图 6-50　金属材质的参数设置

20）选择现代建筑的墙体和雨篷，在工具栏中单击""（材质编辑器），弹出"材质编辑器"对话框，在该对话框中单击第 7 个示例球，将其材质示例的名字命名为"墙体"，再单击""（将材质指定给选定对象）。

21）单击"Standard"按钮，选择 VRayMtl 材质，把标准材质转化为 VRayMtl 材质。将漫反射后面的 RGB 值统一调整为 250～255。

22）选择草地模型，在工具栏中单击""（材质编辑器），弹出"材质编辑器"对话框，在该对话框中单击第 8 个示例球，将其材质示例的名字命名为"草坪"，再单击""（将材质指定给选定对象）。

23）单击"Standard"按钮，选择 VRayMtl 材质，把标准材质转化为 VRayMtl 材质。首先单击漫反射后的按钮"■"，弹出"材质/贴图浏览器"对话框，在该对话框中双击按钮"■ 位图"，在弹出的对话框中选择一张草坪贴图，然后将反射的亮度改为 10；解开"高光光泽度"后面的锁，将"高光光泽度"的值设置为 0.75，将"反射光泽度"的值设置为 0.8，以上设置如图 6-51 和图 6-52 所示。

图 6-51　选择草坪贴图

图 6-52　草坪材质参数的设置

24）展开贴图展卷栏，在凹凸通道中增加一张该草坪贴图的灰度贴图，并将凹凸通道后面的数值改为 15。

25）选择植物的叶子，在工具栏中单击""（材质编辑器），弹出"材质编辑器"对话框，

在该对话框中单击第 9 个示例球,将其材质示例的名字命名为"树叶",再单击" 🔳 "(将材质指定给选定对象)。

26)单击"Standard"按钮,选择 VRayMtl 材质,把标准材质转化为 VRayMtl 材质。首先单击漫反射后的按钮" ▇ ",弹出"材质 / 贴图浏览器"对话框,在该对话框中选择衰减贴图,将衰减类型改为"Fresnel";然后在黑色图块后面的展卷栏中增加一个渐变贴图,在渐变颜色中分别将颜色 #1 的 RGB 设置为(0,0,0),颜色 #2 的 RGB 设置为(121,134,37),颜色 #3 的 RGB 设置为(149,204,127);返回到衰减层级,将黑色图块的渐变贴图关联复制到白色图块里,如图 6-53、图 6-54 和图 6-55 所示。

图 6-53 树叶的基本参数设置

图 6-54 衰减贴图的设置

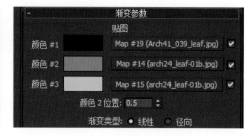
图 6-55 渐变贴图的设置

27)选择植物的树干,在工具栏中单击" 🔳 "(材质编辑器),弹出"材质编辑器"对话框,在该对话框中单击第 10 个示例球,将其材质示例的名字命名为"树干",再单击" 🔳 "(将材质指定给选定对象)。

28)单击"Standard"按钮,选择 VRayMtl 材质,把标准材质转化为 VRayMtl 材质。首先单击漫反射后的按钮" ▇ ",弹出"材质 / 贴图浏览器"对话框,在该对话框中双击按钮" ▇ 位图 ",在弹出的对话框中选择一张树干贴图,如图 6-56 所示,将反射的亮度的 RGB 统一改成 5,"反射光泽度"改为 0.8。

图 6-56 树干贴图的选择

29)选择背景模型,在工具栏中单击" 🔳 "(材质编辑器),弹出"材质编辑器"对话框,在该对话框中单击第 11 个示例球,将其材质示例的名字命名为"天空背景",再单击" 🔳 "(将材质指定给选定对象)。

30)天空背景采用 3ds Max 自带的标准材质制作,单击漫反射后的按钮" ▇ ",弹出"材质 / 贴图浏览器"对话框,在该对话框中双击按钮" ▇ 位图 ",在弹出的对话框中选择一张天空贴图,如图 6-57 所示。

图 6-57　背景天空贴图的选择

31）选择背景模型，在工具栏中单击""（材质编辑器），弹出"材质编辑器"对话框，在该对话框中单击第 12 个示例球，将其材质示例的名字命名为"夜晚背景"，再单击""（将材质指定给选定对象）。

32）夜晚背景采用 3ds Max 自带的标准材质制作，单击漫反射后的按钮""，弹出"材质 / 贴图浏览器"对话框，在该对话框中双击按钮"位图"，在弹出的对话框中选择一张天空贴图，如图 6-58 所示。

图 6-58　夜晚背景贴图的选择

33）对于材质中赋予位图的模型，要选择模型，然后在修改面板中为模型增加一个 UVW 贴图，通过 UVW 贴图中的长度、宽度和高度尺寸对贴图的大小按实际大小进行调整。

任务 2　设定室外场景的观察角度、灯光和渲染处理

▶ 6.2.1　案例效果

图 6-59 为完成后的夜景渲染效果。

图 6-59　夜景渲染效果

6.2.2　案例制作流程（步骤）分析

室外场景的观察角度、灯光和渲染处理流程如图 6-60 所示。

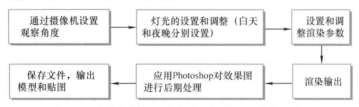

图 6-60　室外场景的观察角度、灯光和渲染处理流程

6.2.3　详细操作步骤

1. 通过摄影机设置观察角度

设置摄影机的作用是为了更好地表现空间视图，通过摄影机的设置，让环境能够恰当地表现其观察角度。

在浮动面板中单击"＊"（创建）→"🎥"（摄影机）→"　目标　"按钮，在顶视图中创建一架摄影机 1，具体参数设置如图 6-61 所示。摄影机在各个视图中的位置如图 6-62 所示。设置完摄影机后，要勾选"手动剪切"，并为摄影机增加一个摄影机校正的修饰器。

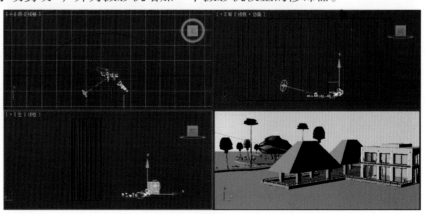

图 6-61　摄影机参数设置　　　　　图 6-62　摄影机在视图中的位置

2. 灯光的设置和调整

对于室外效果图表现，灯光的效果是非常重要的，它直接影响着整个空间艺术效果，一幅好的效果图，其灯光设置也是最合理的。本节主要讲解场景白天灯光和夜晚灯光的创建和有关参数的设置。

1）因为白天主要是由日光来进行照明，所以需要在场景中创建一个 VRay 阳光来模拟光照的效果，在浮动面板中单击"⬥"（创建）→"🔦"（灯光）按钮，单击"标准 ▾"右边的按钮"▾"，弹出下拉列表，在下拉列表中单击 VRay 命令，转到 VRay 灯光面板，在 VRay 灯光面板中单击按钮"VR_太阳"，在顶视图中创建一盏 VR_太阳，"强度倍增"为 0.085，"尺寸倍增"为 2.5，"阴影细分"改为 10，具体参数设置如图 6-63 所示。

2）VRay 阳光的具体位置如图 6-64 所示。

 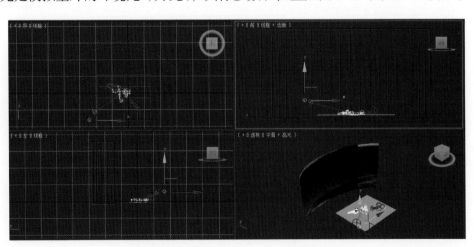

图 6-63　VRay 阳光的参数设置　　　　　图 6-64　VRay 阳光的具体位置

3）白天的灯光创建结束，制作场景夜晚的灯光相对要复杂些。首先是选择白天的 VRay 阳光，在其修改面板中将 VRay 阳光关闭；接着在浮动面板中单击"⬥"（创建）→"🔦"（灯光）按钮，单击"标准 ▾"右边的按钮"▾"，弹出下拉列表，在下拉列表中单击 VRay 命令，转到 VRay 灯光面板，在 VRay 灯光面板中单击按钮"VR_光源"，在顶视图中创建一盏"VR_光源"，类型改为"球体"，颜色的 RGB 为（42，70，160），"倍增器"为 100，"半径"为 1000mm，在选项中勾选"不可见"，并将灯光采样"细分"改为 20。

4）设置此 VRay 灯光是模拟室外的环境光（月光），具体参数和位置如图 6-65 和图 6-66 所示。

图 6-65　月光的参数设置　　　　　图 6-66　VRay 灯光模拟月光的位置

5）在浮动面板中单击"■"（创建）→"■"（灯光）按钮，单击"标准▼"右边的"▼"按钮，弹出下拉列表，在下拉列表中单击 VRay 命令，转到 VRay 灯光面板，在 VRay 灯光面板中单击按钮"■ VR_光源 ■"，在顶视图中创建一盏"VR_光源"，颜色的 RGB 为（250，232，185），"倍增器"为 3.5，勾选"不可见"，尺寸"半长度"为 4300mm，"半宽度"为 7000mm，并将其移动到特色建筑屋顶的下面，并用旋转命令使灯光朝向上方照射，此灯用于模拟特色建筑的屋顶下的灯光照明，特色建筑屋顶下方灯光的设置如图 6-67 所示。

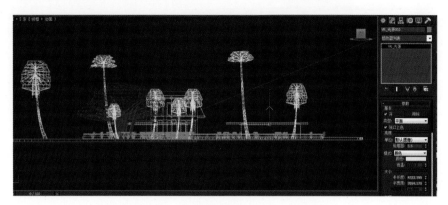

图 6-67　特色建筑屋顶下方灯光的设置

6）在浮动面板中单击"■"（创建）→"■"（灯光）按钮，单击"标准▼"右边的按钮"▼"，弹出下拉列表，在下拉列表中单击 VRay 命令，转到 VRay 灯光面板，在 VRay 灯光面板中单击按钮"■ VR_光源 ■"，在顶视图中创建一盏"VR_光源"，颜色的 RGB 为（250，232，185），"倍增器"为 7，不能勾选"不可见"，尺寸"半长度"为 7700mm，"半宽度"为 4700mm，并将其移动到特色建筑屋顶的下面，并用旋转命令使灯光朝向上方照射，此灯用于模拟现代建筑的内部照明，其参数和位置如图 6-68 和图 6-69 所示。

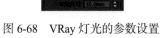

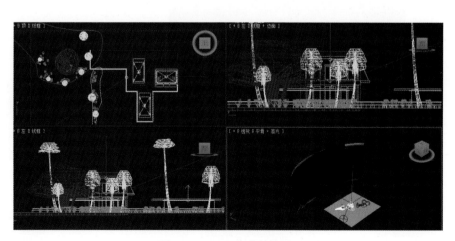

图 6-68　VRay 灯光的参数设置　　　　　　　　　　　图 6-69　VRay 灯光的位置

7）在浮动面板中单击"■"（创建）→"■"（灯光）按钮，单击"标准▼"右边的按钮"▼"，弹出下拉列表，在下拉列表中单击 VRay 命令，转到 VRay 灯光面板，在 VRay 灯光面板中单击按钮"■ VR_光源 ■"，在顶视图中创建一盏"VR_光源"，颜色的 RGB 为

（250，232，185），"倍增器"为 7.5，勾选"不可见"，尺寸"半长度"为 9000mm，"半宽度"为 7500mm，此灯用于补充环境照明，其参数和位置如图 6-70 和图 6-71 所示。

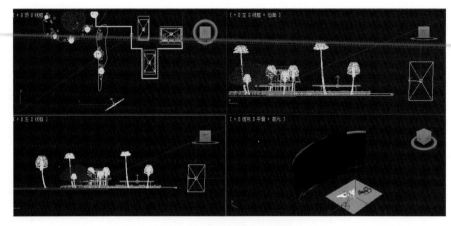

图 6-70　VRay 补光参数设置　　　　　　　　　　　　图 6-71　VRay 补光的位置

3. 设置和调整渲染参数

1）单击菜单栏中的"渲染"，选择下拉菜单中的"渲染设置"，弹出渲染设置 VRay 对话框。该对话框主要包括公用、VR_ 基项、VR_ 间接照明、VR_ 设置等选项卡。

2）首先选择 VR_ 基项选项卡，展开 VRay 全局开关展卷栏，将缺省灯光设置为"关掉"，勾选"替代材质"，选择 VRayMtl 标准材质；再选择 VR_ 间接照明选项卡，勾选"开启"，设置首次反弹为发光贴图，二次反弹为灯光缓存，以上设置如图 6-72 和图 6-73 所示。

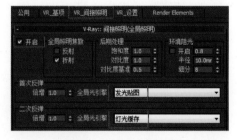

图 6-72　设置替代材质　　　　　　　　　　　　图 6-73　设置间接照明

3）设置好以上参数后，需对场景进行初次渲染测试，检查场景建模是否正确，有无漏光现象和建模错误等问题，单击"渲染"按钮，进行草图渲染。

4）渲染测试结束后，重新设置渲染参数。首先选择 VR_ 基项选项卡，展开 VRay 全局开关展卷栏，去掉替代材质前的"√"，展开 VRay 图像采样器，类型采用"自适应细分"，抗锯齿过滤器白天场景采用"Catmull-Rom"，夜晚场景采用"Mitchell-Netravali"；展开 VRay 环境展卷栏，勾选全局照明环境（天光）覆盖前的"开"，白天设置"倍增器"为 1.0，夜晚设置颜色 RGB 为（45，

60, 120), "倍增器" 为 0.2, 如图 6-74 和图 6-75 所示。

图 6-74 白天环境 VRay 设置

图 6-75 夜晚环境 VRay 设置

5) 选择 VR_间接照明选项卡, 展开 VRay 发光贴图展卷栏, "当前预设" 改为 "非常低", 光子图使用模式设置为 "单帧", 单击文件下的 "浏览", 保存光子图, 再同时勾选 "渲染结束时光子图处理" 下的三个框, 如图 6-76 和图 6-77 所示。

图 6-76 设置发光贴图参数

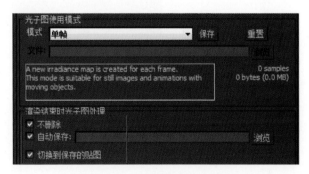
图 6-77 设置保存光子文件

6) 选择 VR_间接照明选项卡, 展开 VRay 灯光缓存展卷栏, "细分" 设置为 150, 光子图使用模式设置为 "单帧", 单击文件下的 "浏览", 保存光子图, 再同时勾选 "渲染结束时光子图处理" 下的三个框, 如图 6-78 所示。

7) 单击 VR_设置选项卡, 展开 VRayDMC 采样器展卷栏, 将 "噪波阈值" 改为 0.005, 展开 VRay 系统展卷栏, 将 "渲染区域分割" 的 X/Y 都设置为 32, 如图 6-79 所示。

图 6-78 设置灯光缓存

图 6-79 设置 VRayDMC 采样器

8）单击公用选项卡，在输出大小的对话框中设置"宽度"为 640，"高度"为 480，然后单击"渲染"按钮，进行小图渲染。小图渲染完成后，将保存发光贴图和灯光缓存的光子贴图，为输出图像作准备。

4．渲染输出

1）单击公用选项卡，设置输出大小，"宽度"为 1200，"高度"为 900，在渲染输出中勾选"保存文件"，设置保存渲染图片的路径，如图 6-80 所示。

图 6-80　设置渲染后文件的保存路径

2）选择 VR_ 间接照明选项卡，展开 VRay 发光贴图展卷栏，"当前预设"改为"中"。

3）选择 VR_ 间接照明选项卡，展开 VRay 灯光缓存展卷栏，将"细分"改为 1500。

4）选择 VR_ 设置选项卡，展开 VRayDMC 采样器展卷栏，将"噪波阈值"改为 0.001，"最少采样"改为 16，如图 6-81 所示。

图 6-81　调整 VRayDMC 采样器属性

5）以上参数设置完成后，单击"渲染"，输出渲染图片，如图 6-82 和图 6-83 所示。

图 6-82　白天场景渲染效果

图 6-83　夜晚场景渲染效果

5．应用 Photoshop 对效果图进行后期处理

一般情况下，在 3ds Max 中渲染好的图片都要经过 Photoshop 进行后期处理，使效果图看起来更生动，更接近于真实效果。下面将渲染好的室外效果图进行后期处理。

1）启动 Photoshop CS5 软件。

2）在菜单栏中单击" 文件(F) "→" 打开(O)… "命令，弹出"打开"设置对话框，具体设置如图 6-84 所示，单击按钮" 打开(0) "即可将所选图片打开。

3）在菜单栏中单击" 图像(I) "→" 调整(A) "→" 曲线(U)… "命令，弹出"曲线"设置对话框，具体设置如图 6-85 所示，设置完毕单击按钮"确定"即可。

图 6-84　打开选择图片对话框

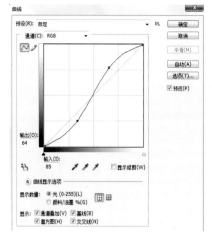

图 6-85　调整曲线

6. 保存文件、输出模型和贴图

在菜单栏""下单击"另存为"下的归档命令，将模型文件和贴图都放在一个压缩包中，如图 6-86 所示。

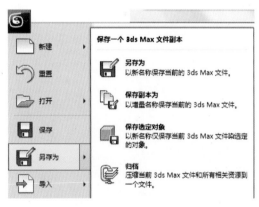

图 6-86　打开归档设置

本章小结

　　本章主要通过室外效果图完整的制作过程来介绍室外建筑的建模方法，植物的选择和修改，如何设置场景中的材质，通过摄影机的设置确定观察角度，室外场景中白天和夜晚灯光的不同布光方式，利用 Photoshop 进行后期处理等相关内容。

　　知识要点回顾：

　　1. 充分理解建筑的特点，采用三维几何体和通过二维物体生成三维物体进行模型的创建。

　　2. 室外环境的创建要与建筑主体相呼应，注意通过对树的参数设置生成各种造型。

　　3. 设定材质的时候需要根据制作要求，按照物体的材质属性并结合 VRayMtl 的参数进行各类材质的创建；同时理解参数与物体本身特征的关系，如纹理、凹凸、高光与反射，折射与透明之间的关系。

4．创建和调整摄影机的位置，重点突出室外建筑与环境相融合的特点。

5．按照白天和夜晚两种效果分别分析室外场景的灯光，按照主光源、辅助光源的类型分别进行布光，通过多次草图渲染测试确定灯光的参数是否达到场景的要求。

6．渲染设置分为两部分，一是渲染测试，二是出图渲染。渲染测试尽量将参数调低，并通过渲染能确保场景的效果达到初步要求；出图渲染要求将渲染的参数调高，达到商业效果图的行作。

7．通过 Photoshop 的后期处理，让渲染出的图片在表现上更上一个层次，应用 Photoshop 主要是通过曲线、色相饱和度、亮度和对比度对场景图片进行调整。

实训练习 《《

1．绘制本章中所讲案例。

2．制作如图 6-87 所示的室外环境效果图。

图 6-87　室外环境效果图

提示：老师可以根据学生的实际情况，对于接受能力比较强的学生，可以要求将实训练习 2 的效果图制作出来；对于基础比较薄弱、接受能力比较差的学生，可不作要求。

当学习完本书室内外效果图的制作后，我们即将结束对 3ds Max/VRay 软件应用的学习，希望大家在此基础上能对 3ds Max/VRay 进行不断地学习和探索。在学习计算机软件的同时，应该多学习一些关于美术、文学、音乐、设计、摄影方面的知识，提高自己的综合艺术修养！

参考文献

[1] 时代印象. 3ds Max&VRay 高精度场景模型库商业空间 [M]. 北京：人民邮电出版社，2009.

[2] 张峻梁，赵寿全. 3ds Max/VRay 印象商业效果图制作与表现技法 [M]. 北京：人民邮电出版社，2010.

[3] 周亚洲. 3ds max 7 Wow！Book——材质与贴图篇 [M]. 北京：中国电力出版社，2005.

[4] 新西兰 Trends 出版公司. 办公空间 [M]. 曲晶，译. 大连：大连理工大学出版社，2007.

[5] 蔡强. 新视点居住空间设计 [M]. 沈阳：辽宁科学技术出版社，2007.

[6] 刘旭. 图解室内设计思维 [M]. 北京：中国建筑工业出版社，2007.

[7] 维圣设计，杨一菲，张海华. 3ds Max/VRay 印象 室内公共空间表现专业技法 [M]. 北京：人民邮电出版社，2009.

[8] 李鹏熙. 3ds Max/VRay 印象空间设计与表现的艺术 [M]. 北京：人民邮电出版社，2008.